新型职业农民培育工程通用教材

畜禽疾病防治实用技术

◎徐 健 阳建飞 王 君 主编

中国农业科学技术出版社

图书在版编目（CIP）数据

畜禽疾病防治实用技术 / 徐健，阳建飞，王君主编 .—北京：中国农业科学技术出版社，2017. 6（2022. 4 重印）

新型职业农民培育工程通用教材

ISBN 978－7－5116－3070－4

Ⅰ. ①畜… Ⅱ. ①徐…②阳…③王… Ⅲ. ①畜禽－动物疾病－防治－教材 Ⅳ. ①S858

中国版本图书馆 CIP 数据核字（2017）第 096212 号

责任编辑 徐 毅
责任校对 马广洋

出 版 者 中国农业科学技术出版社
北京市中关村南大街 12 号 邮编：100081
电 话 (010)82106631(编辑室) (010)82109702(发行部)
(010)82109709(读者服务部)
传 真 (010)82106631
网 址 http://www.castp.cn
经 销 者 各地新华书店
印 刷 者 北京捷迅佳彩印刷有限公司
开 本 850mm ×1168mm 1/32
印 张 5. 5
字 数 130 千字
版 次 2017 年 6 月第 1 版 2022 年 4 月第 4 次印刷
定 价 20. 00 元

#《畜禽疾病防治实用技术》

编 委 会

主 编 徐 健 阳建飞 王 君

副主编 杜 彧 李道飞 付国兵 许利民

张粉琴 姚文超

编 委 石喜山 王小云 杜华军 霍 伟

李万富 薛 超 周玉法 邝先金

白宏宇

内容提要

本书从畜禽疾病的临床诊治需求出发，以图说的形式编写而成。包括7章内容：畜禽传染病基础知识、猪的常见传染病、家禽常见传染病、牛羊常见传染病、畜禽寄生虫病、畜禽普通病、畜禽养殖场的消毒。

本书内容翔实，语言通俗，适合广大基层兽医学习使用，也适合作为村级防疫员、饲养专业户等技术人员的参考资料。

前　　言

近年来，随着良好的养殖生产条件以及国家政策的扶持，我国养殖业取得了长足的发展。但畜禽疾病仍是养殖业不容忽视的问题。预防、治疗、控制畜禽疾病成为广大兽医工作者和饲养专业户的重要工作。

本书从畜禽疾病的临床诊治需求出发，以图说的形式编写而成。包括7章内容：畜禽传染病基础知识、猪的常见传染病、家禽常见传染病、牛羊常见传染病、畜禽寄生虫病、畜禽普通病、畜禽养殖场的消毒。第一章和第七章介绍了畜禽疾病防治的基本常识；第二章至第六章为本书的重点，介绍了猪、牛羊、畜禽等动物的主要传染病、寄生虫病和普通病，共计70多种。每一种疾病都结合相关图片，从流行特点、临床症状、诊断与防治方法等方面进行了详细阐述，具有很强的实用性和指导性。

由于编写水平有限，书中可能存在不少缺点，恳请广大读者批评指正。

编者

2017年3月

目　　录

第一章　畜禽传染病基础知识

畜禽传染病是对养殖业危害最严重的一类疾病。它不仅可能造成大批畜禽死亡，影响人们的生活，而且某些人畜共患的传染病还可能给人们的健康带来严重威胁。尤其是现代化的养殖业，畜群饲养高度集中，调运移动频繁，更易受到传染病的侵袭。因此，了解畜禽传染病的基础知识，做好预防准备，尤为重要。

一、传染病的概念、特点及分类

（一）畜禽传染病的概念

病原微生物侵入机体，并在一定的部位生长、繁殖，此时，机体与病原微生物相互斗争，从而引起机体轻重不同的病理反应，这一过程被称为传染。由病原微生物引起，具有一定的潜伏期和临床症状，并具有传染性的畜禽疾病称为畜禽传染病。

畜禽传染病不仅可造成大批畜禽的死亡和畜产品的损失，某些人畜共患疾病还能给人的健康带来严重威胁。随着集约化养畜业的发展，预防畜禽群发病特别是传染病，已成为兽医工作的重点。

（二）畜禽传染病的特点

由于病原微生物种类不同，传染病的临床表现也不相同，但具有一些共同特点，具体如下。

1. 有病原体

其病原体包括病毒、细菌、立克次氏体、衣原体、霉形体和真菌等微生物。每一种传染病都由其特异的病原体引起，而且宿主谱宽窄各不相同。如猪瘟和炭疽分别是由猪瘟病毒和炭疽杆菌所引起的；猪瘟只能感染猪属动物，而炭疽则几乎能感染所有哺乳动物，包括人类。

2. 有传染性

病原微生物能通过直接接触（舐、咬、交配等），间接接触（空气、饮水、饲料、土壤、授精精液等），死物媒介（畜舍用具、污染的手术器械等），活体媒介（节肢动物、啮齿动物、飞禽、人类等）从受感染的畜禽传于健康畜禽，引起同样疾病。

3. 有特征性的临床症状

传染病除有共同的一般症状，即初期的体温升高，呼吸、脉搏加快，精神不振，食欲减退等外，不同病原微生物引起不同的传染病均具有各自的特征的症状。如：猪瘟的消化道症状，猪肺疫的呼吸道症状，破伤风的神经症状等。

4. 有免疫性

畜禽受感染后多能产生免疫生物学反应（免疫性和变态反应），人类可借此创造各种方法来进行传染病的诊断、治疗和预防。

（三）畜禽传染病的分类

畜禽传染病的发生和发展，受着多方面因素的影响，在临床上有不同的类型。

（1）按病原微生物的种类可分为细菌性传染病、病毒性传染病和真菌性传染病等。

（2）按畜、禽的种类可分为牛、羊、马、猪、鸡等的传染病和多种家畜共患的传染病等。人、畜之间能互相传染的疾病称为人畜共患疾病。凡是能通过畜、禽之间的直接或间接接触而传播的病又称触染病。

（3）因病程的快慢不同，传染病有急性、亚急性、慢性和隐性之分。急性致死性的传染病如牛瘟、猪瘟、鸡新城疫、炭疽等为害严重，容易受到重视，一般总是优先予以控制和消灭。慢性和隐性传染病引起的死亡率虽不高，但由于它们能限制或妨碍畜、禽的生长发育或降低畜、禽的生产性能，在经济上所造成的损失也很大。

二、传染病的传播与流行

（一）传染病的流行过程

传染病在畜群中发生、传播和终止的过程，为传染病的流行过程。流行过程是由传染源、传染途径和易感动物 3 个环节组成，缺少其中任何一个，传染病的流行即被终止。

1. 传染源

传染源是指能使病原微生物生长、繁殖并不断向外界排出病原体，造成健康机体感染的来源。传染源只有正在患传染病的病畜（禽）和带菌（毒）者。

（1）患传染病的病畜。患传染病的病畜包括具有典型症状的病例或症状不明显、不典型的病例。后者往往不引起人们注意，所以，更加危险。有些人畜共患的传染现，病人也可能成为传染源。病畜在整个疾病过程中均是主要的传染源。

（2）带菌（毒）动物。带菌动物指的是外表无症状，但携带并排出病原体的动物。包括有潜伏期、恢复期和健康动物病原携带者三类。如狂犬病、口蹄疫、猪瘟等，在潜伏期后期就能排放出病原体；猪气喘病，恢复期仍继续排出病原体；巴氏杆菌

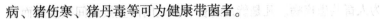

病、猪伤寒、猪丹毒等可为健康带菌者。

2. 传播途径

病原体从传染源排出后，经过一定的方式再侵入其他易感动物所经过的途径称传播途径。了解传播途径，在于切断病原体继续传播的途径，防止易感动物再受感染。常把传播途径分为两大类，即直接接触传播和间接接触传播。

(1) 直接接触传播。直接接触传播是指在没有任何外界因素参与下，病原体通过易感动物与患病动物直接接触（交配、舐咬）而引起的传播。如狂犬病。严格以直接接触传播方式传播的传染病不多，由于传播受到限制，一般不易造成广泛流行。

(2) 间接接触传播。间接接触传播是指病原体从传染源排出后，污染了外界环境，以污染物为媒介，引起疫病的传播。这些媒介可以是无生命的，如饲料、饮水、土壤、用具等；也可以是活的生物体，如昆虫、没有易感性的动物。

很多传染病直接接触传播，也能间接接触传播，这类传染病常称为接触性传染病。如猪瘟、口蹄疫、鸡新城疫等。

间接接触一般通过以下途径传播。

①经空气传播：即通过飞沫、尘埃传播。空气并不适于任何病原体生存，但可作为传播的媒介物。经空气传播的有：以呼吸道为侵入途径的疾病，如猪气喘病、流行性感冒等。

②经污染的物体传播：主要通过被污染的饲料和饮水传播，以消化道为侵入途径以及可经皮肤、黏膜为侵入途径的传染病。如猪瘟、鸡新城疫、仔猪副伤寒等。

③经污染的土壤传播：主要见于对外界环境因素抵抗力较强的病原体引起的疾病。如炭疽、破伤风、丹毒等。

④经活的生物体传播：主要是节足动物中的吸血昆虫，如虻类、螯蝇、蚊和蜱等。此外，非易感动物、食肉兽、鼠等，与病畜经常接触的工作人员，如不做好消毒工作，也可传播病原体。

3. 易感动物

动物对某种传染病具有感染性，即是某种病的易感动物。动物易感性的高低与病原体的种类和毒力强弱有关，但主要是动物的遗传特性和特异性免疫状况。外界环境条件如气候、饲养管理、饲料、卫生等因素都可影响动物的易感性和病原体的传播。另外，动物的内在因素如性别、年龄、品种等对病原体的易感性亦有差别。总之，有良好的饲养管理、合理役使，及时进行预防接种，就可降低易感性。

（二）传染病的流行形式

在畜禽传染病的流行过程中，根据在一定时间内发病率的高低和传播范围的大小，可分为下列 4 种流行形式。

（1）散发性。即在一个较长的时间里，发病家畜的数目不多，并都以零星病例的形式出现，如破伤风、放线菌病等。传染病出现散发性的原因有多种。如对流行性很强的传染病，由于防疫注射密度不够高，如猪瘟。某种传染病对家畜的隐性感染比例较大，如钩端螺旋体病。某种传染病的传播需要一定的条件，如破伤风需要通过深创伤在无氧的情况下发病。另外，有些传染病常为散发，如沙门氏菌病。

（2）地方性。即在一定时间内，病的发生局限于一定地区或有一定地区性，如马腺疫、猪丹毒、炭疽。

（3）流行性。即发病数目多且频率高，可在短时间内传播到更广的范围，如口蹄疫、猪瘟、牛流感。

（4）大流行性。即是一种规模非常大的流行，流行范围可扩大到全国，甚至可以蔓延到几个国家或整个大陆。在历史上如口蹄疫和牛瘟都曾出现过大流行。

上述流行形式的区分是相对的，它们之间也不是固定不变的，在人的因素影响下，都可得到限制。

三、传染病的防治措施

防治传染病的发生和流行，应采用综合防治措施。综合性防治措施常分为预防措施和扑灭措施两部分。以预防传染病发生为目的的措施为预防措施；以扑灭已发生的传染病为目的采用的措施为扑灭措施。实际上两者并无本质区别，而且，相互联系，相互补充。

（一）预防措施

1. 制订防疫计划

根据本地区目前和以往疫病流行情况，结合当地条件，制订出切实可行的具体防疫计划。

2. 加强兽医检疫

加强兽医检疫，是防止传染病由外地侵入的有力措施。

产地检疫：目的是将传染病控制扑灭在原发地。

运输检疫：目的在于保护国内各省、市、县区不受临近地区畜禽传染病的侵入。

市场检疫：对防止传染病的扩散极为重要，该检疫在交易市场进行。

屠宰检疫：对保护人民健康，提高肉食品质，防止传染病的扩散都具有重要意义，应在定点屠宰场进行。

3. 预防接种

可使畜禽获得特异性免疫力，以减少或消除传染病发生，应定期进行和按月龄及时进行。

4. 加强饲养管理

建立合乎畜禽卫生的饲养管理制度，以增强畜禽机体抵抗力。最好自繁、自养以减少疫病的传播。

（二）扑灭措施

1. 查明消灭传染源

（1）疫情报告。发生传染病时，应立即将病畜禽种类、头数、发病时间、地点、症状、解剖变化及初诊病名报告上级机关和地方部门，并通知邻近有关单位，以便采取措施迅速扑灭。

（2）早期诊断。应及时根据流行情况，临床症状和病理解剖，作出初步诊断。有条件的地方还可作微生物诊断和免疫学诊断，及早确诊。或取病样及时送有关单位检查，并确立诊断，以便采取有效扑灭措施。

（3）隔离病畜禽。当发生传染病时，对畜禽群应逐头逐个检查，将畜禽分为有病、可疑和假定健康3个群，分别隔离喂养。

①病畜群：有明显病状或体温升高的动物，应集中在较偏僻的畜舍，专人管理，严防其他畜禽和无关人员出入。

②畜群：无任何症状，但与有病的畜禽直接接触的，如同群、同畜舍、同食槽、同用具等。这类畜禽可能处在潜伏期，应消毒后移至别处看管，限制其活动范围，详细观察，并立即进行紧急预防接种或药物预防。

③假定健康畜群：即病畜禽邻近畜禽舍的畜禽，应进行紧急预防接种。

（4）封锁疫区。封锁疫区时应根据早、快、严、小的原则，即报告疫情，封锁疫区要早；行动要快；封锁要严；范围要小。封锁地区包括如下。

①疫区：即疫病正在流行的地区以及病畜在发病前后一定时期内曾经到过的地区。

②疫点：为病畜所在的畜舍、牧场。在牧区还包括一定的草场和饮水点。

③受威胁区：即可能受到传染的地区，可根据山川、河流、

交通、社会经济活动的联系等具体情况确定。

实施封锁应做好以下工作：一是在封锁区边缘设立明显标志，指明绕行路线，设置监督哨，禁止易感动物进出封锁区，对必须进入的车辆和非易感动物进行消毒。二是对病畜要进行必要的处理，如治疗、急宰和扑杀。对可疑畜、假定健康畜进行预防接种。对病畜，可疑畜的垫草应焚烧，粪便堆放好并消毒，畜舍、用具、被污染土壤应严格消毒。三是暂停畜禽集市贸易活动，做好必要的杀虫，灭鼠工作。四是待最后一头痊愈、急宰或扑杀后并经过一定封锁时期（根据所发传染病的潜伏期而定）再无疫情发生，并经全面消毒后，方可解除封锁。

(5) 毒。目的是消灭被传染源散播在外界环境中的病原体，防止疫情蔓延。消毒的方法有：生物的、物理的及化学的 3 种。由于病原体特性不同，被消毒物体的种类不同，应根据实际情况需要选择不同的消毒方法及药剂。根据消毒的对象不同，介绍以下几种常用消毒方法及药剂。

①畜舍消毒：先将粪便、垫草、残余饲料、垃圾等加以清扫，堆在指定地方，发酵处理。如有传染性危险时，可焚烧，然后选用适当的消毒液对地面、墙壁、门窗，饲槽、用具等进行喷洒或彻底的洗刷。泥泞的地面，可撒一层干石灰或草木灰，再垫上一层新土。

消毒畜舍常用的药剂有 10% ~20% 生石灰乳；5% ~10% 漂白粉溶液；1% ~4% 烧碱；3% ~5% 臭药水或来苏尔；2% ~5% 福尔马林或 20% ~30% 草木灰水。一般平均每平方米用量为 1L（1 000ml）。

畜舍空间可用气体消毒，方法：每立方米空间用福尔马林 25ml，水 12.5ml，高锰酸钾 25g（或以生石灰代替）。先将水与福尔马林放置金属容器内混合后，再将事先称好的高锰酸钾倒入，立即有福尔马林蒸气发出，此时，应将门窗关闭，经 12 ~

24 小时后，再打开门窗通风。也可用福尔马林加热蒸发消毒。

②土壤消毒：被患传染病病畜的粪便和分泌物鼻液、唾液、乳汁和阴道分泌物等污染的地面、土壤，因含大量病原体，必须进行消毒。土壤表面消毒可用含 2.5% 有效氯的漂白粉溶液，4% 福尔马林，或 10% 氢氧化钠溶液。

对炭疽、气肿疽等病原体污染的地方，因病原体能形成芽孢，应严格消毒处理。选用含有效氯 2.5% 的漂白粉溶液喷洒地面，然后挖起 30cm 左右，撒上漂白粉，与土混合后，再将表土深埋。

③粪便消毒：粪便堆积发酵，可杀死一般非芽孢病原体。粪便堆积应在距畜舍、住宅、水源等较远的场所进行。对含芽孢杆菌的粪便最好予以焚烧。

④污水消毒：按具体情况，针对性的进行消毒，量不大时，可随粪便堆积发酵，如水井、水池被污染，可暂时或永久封闭，或用化学药品处理，按每立方米水中加漂白粉 8 ~ 10g，充分搅拌，经数日后方可使用。

⑤皮毛消毒：可将皮浸泡在含 15% 食盐和 2.5% 盐酸溶液中 40 小时，或在 2.5% 福尔马林溶液中浸泡 10 小时。

2. 切断病原体的传播途径

根据病原体的种类和性质以及侵入机体途径不同，应采用相当措施。经消化道传播的病原体，应防止饲料和饮水的被污染，停止使用被污染的饲料、牧场及水源。经呼吸道传播的，应进行畜舍空气消毒。经皮肤、黏膜、伤口传染的，要防止动物体表发生损伤，发生时，应及时处理伤口。经吸血昆虫传播的应防止动物被侵袭，并开展灭虫工作。灭鼠也是切断病原体传播途径的一项重要措施。

3. 提高动物机体抵抗力

通过加强饲养管理，改善环境卫生，预防接种等，是提高动物的非特异性和特异性抵抗力，减少传染病的发生和阻止传染病蔓延或流行的有力措施。

【阅读】

如何与宠物健康相处

随着宠物饲养的发展，很多人把宠物当成家庭一员，成为他们生活中的伙伴。有相当一部分人与宠物过多接触，甚至由于喜爱而将它们抱在怀中，有的还与其“亲热”，甚至与人吃住不分，这就为“人畜共患病”的滋生和蔓延提供了合适的温床，极大地增加了疾病传染的可能性。

目前，我国已发现细菌、病毒、真菌和寄生虫引起的人畜共患病150多种，其中，包括艾滋病、鼠疫、血吸虫病、结核病、布氏菌病、疟疾、蛔虫病、钩体病、脚癣、流感、鹦鹉热、猫咬病等危害严重的疾病。这些疾病可能通过人畜接触传染，可能通过空气、水源、动物食物或粪便传染，也可能通过蜱等节肢动物在人畜之间传染。

狗、猫等宠物是某些主要的动物传染病的传染源。狂犬病是一种死亡率极高的人畜共患传染病。如果狗患上狂犬病，其食物、粪便或食槽等都会带上病毒，可能通过人的破损伤口传染。狂犬病病人几乎在未得到治疗的情况下死去。猫咬病近年来呈上升趋势，在那些喜欢玩猫的儿童和青少年中更为常见。养猫的人常常将猫抱在怀里嬉戏玩耍，因而极易被抓伤而传染该病。人一旦被感染就会引起全身性的杆菌性紫癜，在皮下长出一块块的“奇点紫斑”，引起典型的、可复性的亚急性淋巴结炎症，出现乏力、关节痛、发热等，严重时可出现急性脑部疾病、眼球运动障碍等后遗症。

为了与宠物健康、快乐地相处，我们要注意以下几个方面。

（1）及时到有关部门给宠物注射疫苗。特别是在街头领养回家的宠物，一定要先去兽医部门检查，并注射疫苗。

（2）每年都要为宠物进行一次寄生虫方面的检查，要定期给它们服用杀虫药物。不要让宠物与你的嘴接触，当接触过宠物后，一定要及时洗净。

（3）平时尽量不要抱着宠物狗，不要把狗举到自己的面部，用鼻子或嘴去亲吻宠物更是一种很不好的习惯。尤其特别要提醒孩子们不要用手去逗弄小狗的嘴，脸部不要离狗太近，也不要让宠物与你同桌进餐，更不能与宠物共用餐具。

（4）当饲养的鸟，食欲明显下降、羽毛无光时，需特别注意，因为它很可能是感染了鹦鹉病。清理鸟的笼具时，需要戴手套甚至面罩。

（5）每天都要对宠物休息的场所进行清理，并定期进行消毒。戴上手套可以预防感染寄生虫病。平时在打扫鸟笼时，可先用热水进行灭菌，并防止尘埃飞扬。平时不要过分接近鸽子等鸟类，并避免吸入随鸟类振翅四下飞扬的尘埃。

第二章　猪的常见传染病

随着经济的发展，人民生活水平的提高，养猪业的前景可以说宽阔而光明。而传染病是养猪的大敌。传染病的流行，尤其影响着专业化养猪场的经济效益，严重制约着养猪业的发展。为此，学习猪的常见传染病知识，贯彻“预防为主”的方针，努力防控猪的传染病，显得尤其重要。

一、猪　瘟

1. 流行特点

猪瘟仅猪发病，不同品种、性别、年龄的猪都可感染，经消化道感染，怀孕母猪可通过胎盘感染胎儿，造成死胎弱胎。猪群受传染后，先 1 头或几头发病并呈急性死亡，以后病猪不断增加。1 ~3 周达到流行高峰，经 1 个月左右流行终止。

2. 临床症状

最急性型： 病猪常无明显症状，突然死亡，一般出现在初发病地区和猪瘟流行初期。

急性型： 病猪精神差，发热，体温在 40 ~42℃，呈现稽留热，喜卧、弓背、寒战及行走摇晃。食欲减退或废绝，喜欢饮水，有的发生呕吐。结膜发炎，流脓性分泌物，将上下眼睑黏住，不能张开，鼻流脓性鼻液（图 2 -1）。初期便秘，干硬的粪球表面附有大量白色的肠黏液，后期腹泻，粪便恶臭，带有黏液或血液，病猪的鼻端、耳后根、腹部及四肢内侧的皮肤及齿龈、唇内、肛门等处黏膜出现针尖状出血点，指压不褪色，腹股沟淋巴结肿大。公猪包皮发炎，阴鞘积尿，用手挤压时有恶臭浑浊液体射出。小猪可出现神经症状，表现磨牙、后退、转圈、强直、侧卧及游泳状，甚至昏迷等。

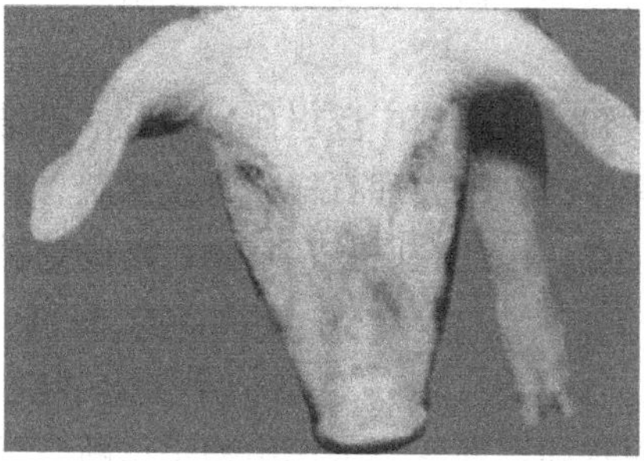

图2－1　急性型病猪－眼出现结膜炎

慢性型：多由急性型转变而来，体温时高时低，食欲缺乏，便秘与腹泻交替出现，逐渐消瘦、贫血，衰弱，被毛粗乱，行走时两后肢摇晃无力，步态不稳（图2－2）。有些病猪的耳尖、尾端和四肢下部成蓝紫色或坏死、脱落，病程可长达1个月以上，最后衰弱死亡，死亡率极高。

图2－2　慢性型病猪－消瘦贫血

温和型：温和型又称非典型，主要发生较多的是断奶后的仔猪及架子猪，表现症状轻微，不典型，病情缓和，病理变化不明显，病程较长体温稽留在40℃左右，皮肤无出血小点，但有淤血和坏死，食欲时好时坏，粪便时干时稀，病猪十分瘦弱，致死率较高，也有耐过的，但生长发育严重受阻。

3. 解剖变化

皮肤、黏膜和内脏器官广泛出血，腹腔淋巴结明显充血肿大呈暗红色，切面多汁，呈大理石样，肾、膀胱、脾脏表现有出血点，喉头有出血点，慢性在回肠、盲肠、结肠处黏膜上有纽扣状溃疡。

4. 诊断

根据临床症状和解剖变化可作出初步诊断。确诊可用免疫荧光抗体检查，酶标记组织抗原定位法，兔体交互免疫试验，血清中和试验，猪瘟单克隆抗体纯化酶联免疫吸附试验等方法进行。

5. 防治

防治猪瘟目前尚无特效药物。

本病防治主要靠免疫接种和综合防治措施。免疫接种可采用超前免疫方案，即在仔猪吃初乳前进行首次接种1~2头/份，以后在20日龄，60~65日龄各注射1次；种猪每年春秋各免疫1次。发生疫情后，对疫区和受威胁区采用紧急接种，剂量增加至2~5头/份。综合性防治措施，主要是采取自繁、自养，保持环境卫生。

二、猪口蹄疫

1. 流行特点

猪、牛、羊等偶蹄动物均可发病，人也能被感染，潜伏期为1~2天，人感染后潜伏期可长达1年以上，病猪和带毒猪是主要传染源，病毒存在于病猪的水疱液、水疱皮及发热期的血液中，通过直接或间断接触感染，经消化道、呼吸道，破损的皮肤、黏膜以及交配等途径传染，被污染的饲料、饮水、用具及蚊虫叮咬也可传播，流行迅速，新疫区发病率可高达100%，无明显季节性，但以冬、春季节多发。

2. 临床症状

初期体温升高到40～41℃，减食或停食，继而病猪蹄冠，趾间部发红，以后形成黄豆，蚕豆大小充满灰白色或黄色液体的水疱，水疱破溃后形成暗红色烂斑，病程为1周左右，无继发感染可康复，若继发细菌感染，则会出现局部化脓性坏死，蹄甲脱落（图2－3）。有些猪感染后鼻镜、口腔黏膜和乳房也出现水疱和烂斑。仔猪感染后，常因严重的心肌炎和胃肠炎而死亡。

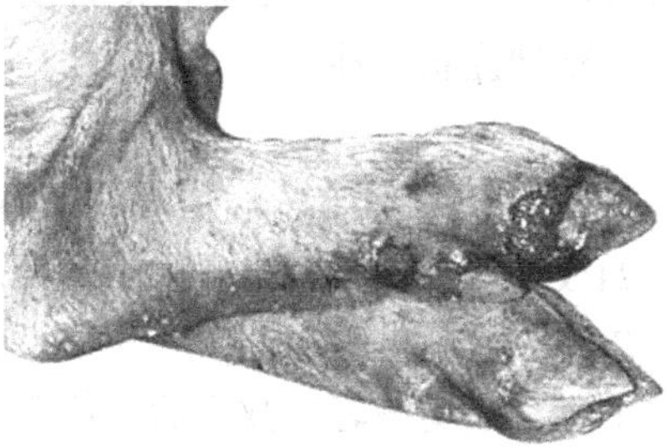

图2－3　蹄冠的溃疡出血

3. 解剖变化

猪口蹄疫主要见于蹄冠、趾间、鼻盘、口角发生水疱或糜烂。仔猪的心肌脂肪变性，切面呈大理石样，俗称“虎斑心”。

4. 防治

老疫区和受威胁区可用灭活疫苗预防，肌肉或后海穴注射，注射深度大猪2cm，小猪1cm。平时要加强检疫，发现疫情及时上报。按国家《动物防疫法》规定，病猪和同群猪一律扑杀做无害化处理，不准治疗，并严格封锁疫区，加强消毒，防止扩散。

三、猪丹毒

1. 流行特点

本病主要感染3~12月龄猪，夏、秋季节多发，常呈地方性流行。黄曲霉毒素的隐性中毒，环境和应激因素等可提高猪的易感性。主要通过消化道感染，也可通过皮肤创口、蚊虫叮咬传播感染。人经损伤的皮肤感染后，可得丹毒病。

2. 临床症状

急性败血型：体温升高达42℃以上，个别猪不现症状突然死亡，其他病猪表现发抖、呕吐，皮肤有红斑，指压褪色，病程3~4天，致死率达80%~90%，不死者就转为慢性，刚断奶小猪，为突然发病，现精神症状，抽搐，倒地而死亡，病程在1天之内。

亚急性疹块型：体温升高41℃，病情缓和，病后2~3天在背、颈、胸、腹、四肢外侧等处皮肤出现大小不等，形状不一的疹块（图2-4），初为红色、指压褪色，后为紫红色，指压不褪色，这时体温开始下降，病情减轻，数日后，最多2周，病猪自行康复。

慢性关节炎型：由前两者转变而来，也有原发的，主要表现为慢性关节炎，慢性心内膜炎和皮肤坏死、四肢关节肿大，变形、疼痛、跛行，病程可达数月。

3. 解剖变化

急性型：皮肤上有红斑，全身淋巴结肿大，出血，心内外膜有出血点，心包积液，肺充血，水肿，脾、肾充血，出血，肝大，呈红棕色，消化道有卡他性炎症。

亚急性：皮肤上有特异性疹块。

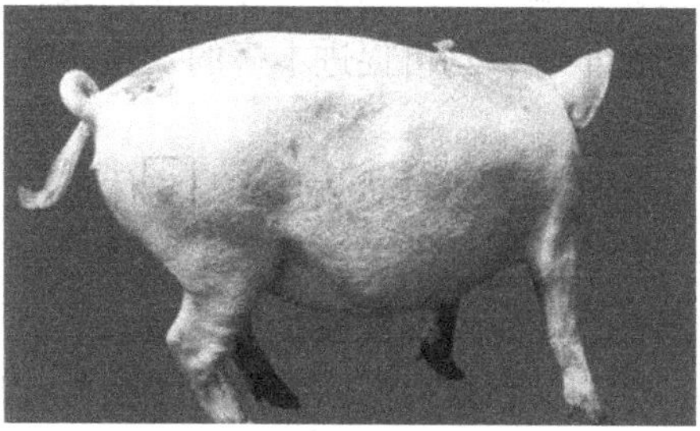

图 2－4　亚急性疹块

慢性型：在心瓣膜上形成菜花样疣状物，关节囊增厚，有时形成骨化关节。

4. 防治

预防：用猪丹毒菌苗或猪瘟、丹毒、肺疫三联苗免疫接种，每 6 个月免疫 1 次，或每年春秋季各免疫 1 次。

治疗：

处方一：青霉素按每千克体重 2 万～3 万单位，加地塞米松肌内或静脉注射。1 天 2 次，连用 2～3 天。

处方二：磺胺间甲氧密啶，肌内注射 1 天 1 次，连用 2～3 天。

四、猪副伤寒

1. 流行特点

猪副伤寒多见于 6 月龄以下的仔猪，尤以 2～4 月龄多见，吮乳仔猪则很少发生；6 月龄以上的猪很少出现原发性副伤寒，常常是猪瘟等疾病的继发病或伴发病。

本病一年四季均可发生。猪在多雨潮湿季节发病较多。一般呈散发性或地方流行性。环境污染、潮湿、棚舍拥紧、饲料和饮水供应不良、长途运输中气候恶劣、疲劳和饥饿、寄生虫病、分娩、手术、断奶过早等，均可促进本病的发生。

2. 临床症状

本病潜伏期为数天，或长达数月，与猪体抵抗力及细菌的数量、毒力有关。

临床上分急性、亚急性和慢性3个类型。

急性型：急性型又称败血型，多发生于断乳前后的仔猪，常突然死亡。病程稍长者，表现体温升高（41～42℃），腹痛，下痢，呼吸困难，耳根、胸前和腹下皮肤有紫斑，多以死亡告终。病程1～4天。

亚急性和慢性型：亚急性和慢性型为常见病型。表现体温升高，眼结膜发炎，有脓性分泌物。初便秘后腹泻，排灰白色或黄绿色恶臭粪便。病猪消瘦，皮肤有痂状湿疹。病程持续可达数周，终致死亡或成为僵猪。

3. 病理变化

急性型：急性型以败血症变化为特征。尸体膘度正常，耳、腹、胁等部皮肤有时可见淤血或出血，并有黄疸。全身浆膜、（喉头、膀胱等）黏膜有出血斑。脾大，坚硬似橡皮，切面呈蓝紫色。肠系膜淋巴结索状肿大，全身其他淋巴结也不同程度肿大，切面呈大理石样。肝、肾肿大、充血和出血，胃肠黏膜卡他性炎症。如图2－5所示，结肠盲结肠内有多量暗红色液体，急性卡他性出血性肠炎。

亚急性型和慢性型：以坏死性肠炎为特征，多见盲肠、结肠，有时波及回肠后段。肠黏膜上覆有一层灰黄色腐乳状物，强行剥离则露出红色、边缘不整的溃疡面。如滤泡周围黏膜坏死，常形成同心轮状溃疡面。肠系膜淋巴索状肿，有的干酪样坏死。脾稍肿大，肝有可见灰黄色坏死灶。有时肺发生慢性卡他性炎症，并有黄色干酪样结节。如图2－6所示，为亚急性型大肠坏死，肠黏膜凝结为糠麸样伪膜。

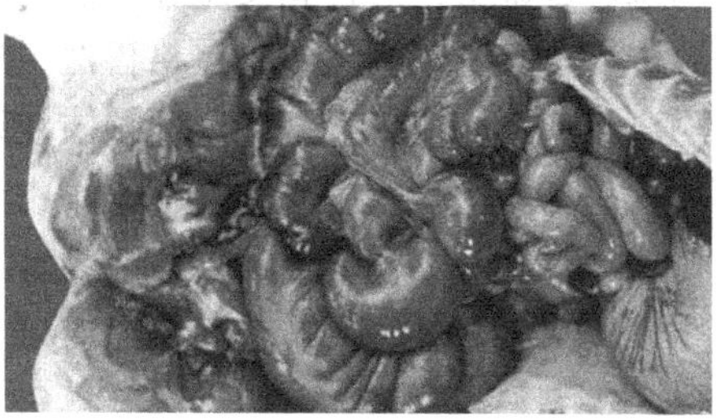

图 2－5　急性卡他性出血性肠炎

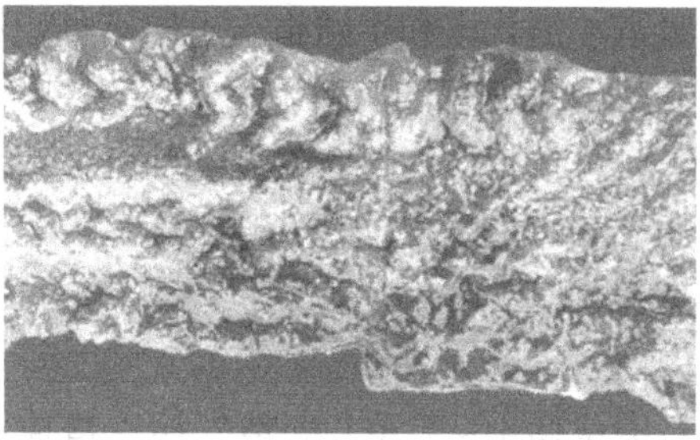

图 2－6　亚急性型大肠坏死

4. 诊断

根据临床症状和病理变化可作出初步诊断，确诊需进一步做实验室诊断。

实验室诊断包括如下。

（1）病原检查。病原分离鉴定（预增菌和增菌培养基、选择性培养基培养，用特异抗血清进行平板凝集试验和生化试验鉴定）。

（2）血清学检查。凝集试验、酶联免疫吸附试验。

（3）样品采集。采取病畜的脾、肝、心血或骨髓样品。

5. 防治

用仔猪副伤寒弱毒菌苗，对仔猪实施免疫。平时注意自繁自养，严防传染源传入。饮水、饲料等均严格兽医卫生管理。发生本病后，病猪隔离治疗，同群未发病猪紧急预防注射。病死猪无害化处理，不可食用以防止食物中毒。

五、猪链球菌病

1. 病原及流行特点

本病是由几种主要链球菌引起的人畜共患病，其自然感染部位是猪的上呼吸道、消化道和生殖道。不同品种、性别的猪均有易感性，仔猪和架子猪发病较多。无明显季节性，一般呈地方流行性，一经传入，可在猪群内连年发生。哺乳仔猪多为败血型和脑膜炎型，发病率和死亡率都很高，架子猪多为慢性关节炎型和化脓性淋巴结炎型。

2. 临床症状

败血症型：潜伏期 1～3 天，突然发病，精神不振，体温升高至 41～43℃，皮肤、耳、四肢末梢有出血斑，最急性型往往不表现症状即死亡。部分患猪出现多发性关节炎，跛行。眼结膜潮红，流泪，流鼻涕，咳嗽，呼吸浅而快，日渐消瘦，若不及时治疗，容易死亡。

脑膜炎型：不食、便秘、体温升高可达 42℃，流鼻涕，呈浆液性或黏液性。出现神经症状，盲目转圈行走，磨牙，空嚼，共济失调，甚至后肢麻痹。也有部分病猪出现关节肿大，或头、颈、背部出现水肿，指压凹陷，若不及时治疗，往往急性死亡。

淋巴结脓肿型：该病俗称“豆渣疱”“粉疱”。多在颌下、颈部、腹部等处发生 1～2 个核桃或鸡蛋大的脓肿。有的病猪淋巴结呈现肿胀、坚硬、有热痛感，影响进食，吞咽。脓胀破溃后，流出乳白色或绿色的脓汁，脓肿外面包裹一层包裹，脓肝排尽后，肉芽增生，最后自行愈合。病程较长，3～5周。

关节炎型：主要是败血型和脑膜炎型继发形成。表现为关节肿胀、疼痛、跛行，严重时不能行走、站立，只能仰卧。病程稍长，2～3周。

3. 解剖变化

急性败血型：喉、气管充血，常见大量泡沫、肺充血肿胀，全身淋巴结肿胀，充血，出血。

脓肿型：可见局部有脓疱。

4. 诊断

根据本病的流行特点、临床症状与解剖变化可作出初步诊断，确诊应进行实验室检查。如采取脓肿、化脓灶、肝、脾、肾、血液、关节囊液、脑脊髓液及脑组织等病料进行染色镜检，细菌学分离培养及生化反应与特性鉴定等。

在临床上注意与猪肺疫、猪丹毒相区别。

5. 防治

败血型和脑膜脑炎型早期用青霉素或磺胺类药物均有较好疗效；青霉素2万～3万单位每千克体重肌内注射，每天2次，连用3～5天；复方磺胺间甲氧嘧啶肌内注射，0.2ml每千克体重，每天2次，连续3～5天；长效土霉素肌内注射，每天1次，连续2～3次。淋巴结脓肿成熟后，切开排脓，用3%过氧化氢或0.1%高锰酸钾溶液冲洗，涂以碘酊。

六、猪肺疫

1. 病原及流行特点

本病是由多杀性巴氏杆菌引起的传染病，呈急性或慢性经过，流行形式根据猪的抵抗力和病原菌的毒力，呈地方流行和散发夏秋季节，常与猪瘟、气喘病混合感染或继发，感染途径主要是消化道、呼吸道或吸血昆虫叮咬。

2. 临床症状

本病潜伏期1~5天，一般为2天左右。

最急性型：多见于流行初期，常突然死亡。病程稍长者，表现高热达41~42℃，结膜充血、发绀。耳根、颈部、腹侧及下腹部等处皮肤发生红斑，指压不全褪色。最特征症状是咽喉红、肿、热、痛，急性炎症，严重者局部肿胀可扩展到耳根及颈部。呼吸极度困难，呈犬坐姿势（图2-7），口鼻流血样泡沫，多经1~2天窒息而死。

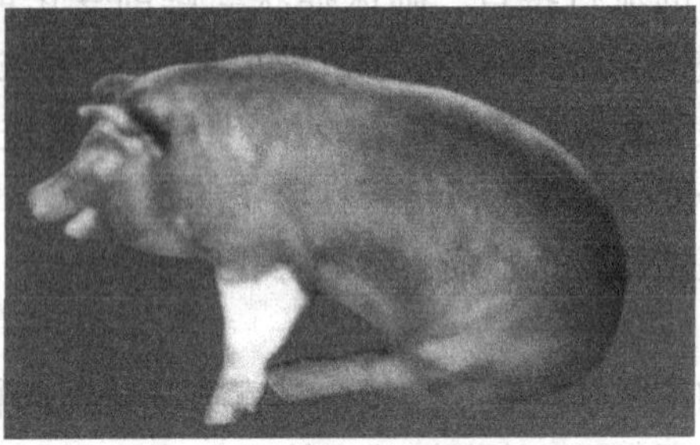

图2-7 猪肺疫最急性型犬坐姿势

急性型：为常见病型。主要呈现纤维素性胸膜肺炎。除败血症状外，病初体温升高达40~41℃，痉挛性干咳，有鼻漏和脓性结膜炎。初便秘，后腹泻。呼吸困难，常做犬坐姿势，胸部触诊有痛感，听诊有啰音和摩擦音。多因窒息死亡。病程4~6天，不死者转为慢性。

慢性型：主要呈现慢性肺炎或慢性胃肠炎。病猪持续咳嗽，呼吸困难，鼻流出黏性或脓性分泌物，胸部听诊有啰音和摩擦音。关节肿胀。时发腹泻，呈进行性营养不良，极度消瘦，最后多因衰竭致死，病程2~4周。

3. 解剖变化

最急性型：全身黏膜、浆膜和皮下组织有大量出血点，最突出的病变是咽喉部、颈部皮下组织出血性浆液性炎症，切开皮肤时，有大量胶冻样淡黄色水肿液。全身淋巴结肿大，呈浆液性出血性炎症，以咽喉部淋巴结最显著。心内外膜有出血斑点。肺充血、水肿。胃肠黏膜有出血性炎症。脾不肿大。

急性型：有肺肝变、水肿、气肿和出血等病变特征，主要位于尖叶、心叶和膈叶前缘。病程稍长者，肝变区内有坏死灶，肺小叶间有浆液浸润，肺炎部切面常呈大理石状。肺肝变部的表面有纤维素絮片，并常与胸膜粘连。胸腔及心包腔积液。胸部淋巴结肿大，切面发红、多汁。支气管、气管内有多量泡沫样黏液，气管黏膜有炎症变化。

慢性型：肺有较大坏死灶，有结缔组织包囊，内含干酪样物质，有的形成空洞。心包和胸腔内液体增多，胸膜增厚、粗糙，上有纤维絮片与病肺粘连。无全身败血病变。

4. 诊断

根据流行病学，临床症状和剖检变化可作出初步诊断，确认需经病原学诊断。

5. 防治

预防：每年春、秋两季定期注射猪肺疫氢氧化铝苗或猪三联苗免疫接种。

治疗：应将病猪隔离治疗。

处方一：蒽若沙星肌内注射，每天 1 ~2 次，连用 3 天。

处方二：青霉素、链霉素按每千克体重 1 万 ~3 万单位混合肌内注射，每日 2 次，连用 3 天。

处方三：土霉素或磺胺类药物肌内注射，每日 2 次，连用 3 天。

七、猪气喘病

1. 病原及流行特点

猪气喘病是由支原体肺炎球菌引起的一种慢性传染病。各种年龄的猪均易感，哺乳仔猪多发，潜伏期长，病猪和带菌猪是主要传染源，经呼吸道而感染，多为慢性经过，新疫区可呈急性暴发，冬、春季节多发。

2. 临床症状

临床症状以咳嗽和喘气为特征，早晨和晚上最为明显，初为单咳，严重时，呈痉挛性咳嗽，明显呈腹式呼吸。一般体温、精神、食欲正常，若继发感染则病情加剧，病程达2个月以上。

3. 解剖变化

肺尖叶、心叶、中间叶及隔叶前缘呈左右对称的“肉样”或“虾肉”样实变，肺门淋巴结和纵隔淋巴结显著肿大，质硬，断面呈黄白色。

4. 诊断

根据流行病学、临床症状可作出初步诊断，确诊需经血清学检查。

5. 防治

预防：搞好猪舍环境卫生，保证舍内空气质量，专业养殖场每年春、秋季可用弱毒疫苗免疫接种。

治疗：

处方一：蒽若沙星肌内注射，每天1~2次，连用3天。

处方二：泰乐菌素肌内注射，每天2次，连用7天。

处方三：泰乐菌素，林可霉素，土霉素拌料或饮水。

八、猪大肠杆菌病

猪大肠杆菌病是由大肠杆菌引起的肠道传染性疾病，主要侵害仔猪和断奶后的小猪，常引起严重腹泻，脑水肿，生长缓慢和死亡。由于病原菌的类型不同和猪的月龄，个体差异，发病率和症状也不同，主要分为3种：即仔猪黄痢、白痢和猪水肿病。

1. 仔猪黄痢

(1) 流行特点。发生于1周内仔猪，以1~3日龄的仔猪多见，带菌母猪是主要传染源，经消化道感染，发生无季节性，死亡率可达90%以上。

(2) 临床症状。仔猪出生后12小时内突然1~2头出现衰弱、昏迷、很快死亡。接着有的仔猪出现拉黄色稀粪（图2-8)，很快变成水样，具腥臭味，每小时数次，严重时肛门松弛，排粪失禁，清瘦、脱水，眼球下陷，昏迷死亡。

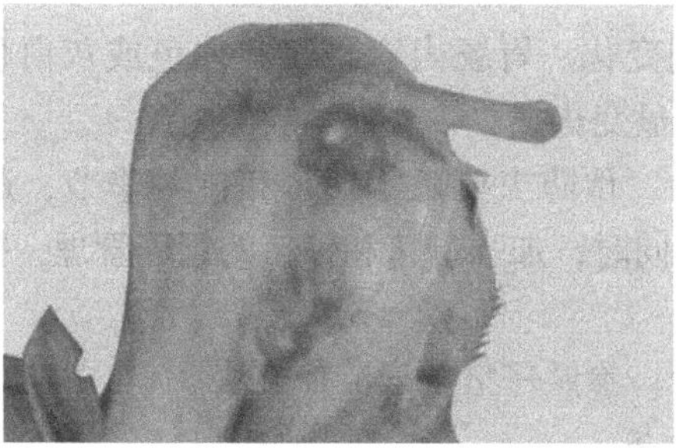

图2-8　仔猪黄痢病-猪肛门周围的黄色稀粪

(3) 解剖变化。皮肤苍白，肠道黏膜充血、出血，以十二指肠显著。

(4) 根据以上资料可确诊。

(5) 防治。预防可用双价基因工程菌苗口服免疫怀孕母猪，或用三价灭活菌苗注射母猪，均于临产前15~30天免疫。

(6) 治疗。

处方一：痢菌净、肌内注射1次。

处方二：氯霉素肌内注射，每日2次，连用2~3天。

处方三：止痢精，按常规用量，背部皮肤擦拭。

处方四：盐酸环丙沙星片，呋喃唑酮片或磺胺胖片口服，每日2次连用3天。

2. 仔猪白痢

(1) 流行特点。常发生于10~30日龄的仔猪，以20日龄以内仔猪多见，日龄越小，死亡率越高，发病与外界环境相关，如气候突变，多雨潮湿，饲料变质或突然变换饲料以及母乳缺乏或过浓，都可促进该病的发生。

(2) 临床症状。仔猪排乳白色或灰白色稀粪，呈糨糊状，具腥臭味，病情加重则表现结膜、皮肤苍白，机体脱水消瘦，最后衰竭而死亡。

(3) 解剖变化。胃肠内容物浆状白色或灰白色，常含有气泡。无其他明显变化。

(4) 防治。预防主要是掌握母猪配种季节，避免过热和过冷季节产仔。同时，加强母猪和仔猪的饲养管理，搞好猪舍环境卫生工作。

(5) 治疗。参照仔猪黄痢治疗方法。

3. 猪水肿病

(1) 流行特点。该病是由致病性大肠杆菌释放毒素所致，多发生于断奶后健壮的仔猪，经猪接触饲养用具传播，经消化道感染，呈散发，有时呈地方流行，一年四季均可发生，但多见于寒冷，气候突变和阴雨季节。

(2) 临床症状。特征性症状是眼睑、头、颈和前肢皮下水肿，明显的神经症状，共济失调，运动强拘，转圈，全身发抖，叫声嘶哑，最后身躯麻痹，昏迷死亡，病程1～2天。

（3）解剖变化。主要病变是水肿，多见于眼睑、头、颈部，胃大弯，贲门及胃底部水肿，在胃黏膜及肌层间有一层透明或茶色、淡红色胶冻样物，水肿有时也见于结肠系膜，肠系膜淋巴结，胆囊与喉头等部。

（4）诊断。根据以上资料可初步诊断，确诊需要分离细菌作血清学鉴定。

（5）防治。预防主要是加强饲养管理，饲料中及时补给硒与维生素E；规模化养猪场可定期用猪水肿病多价灭活油乳剂苗接种。

（6）治疗。早期治疗有一定疗效，病初用硫酸镁或硫酸钠15～25g内服，以排出毒素。同时，用蒽诺沙星加速尿肌内注射；磺胺甲噁唑加甲氧苄啶配合亚硒酸钠—维生素E注射。并对症治疗，机体脱水和虚弱时应及时补液、强心。

九、破伤风

1. 流行特点

各种家畜均有易感性，其中，以单蹄动物较易感染，偶蹄动物次之，肉食动物在例外的情况下受害，禽类有很强的抵抗力，人的易感性较高。主要是通过深度创伤感染，也可能通过消化道黏膜损伤感染，散发无季节性。

2. 临床症状

主要临床表现肌肉强直性痉挛及对外界刺激反应性增高，肌肉痉挛常从头部开始，再及颈、背最后全身。叫声尖细，瞬膜外露、牙关紧闭，流涎四肢僵硬，行走困难，最后全身痉挛，角弓反张，倒地不起，呼吸衰竭而死亡，病程3～5天，死亡率高。

如图2－9所示，为强直性痉挛症状。

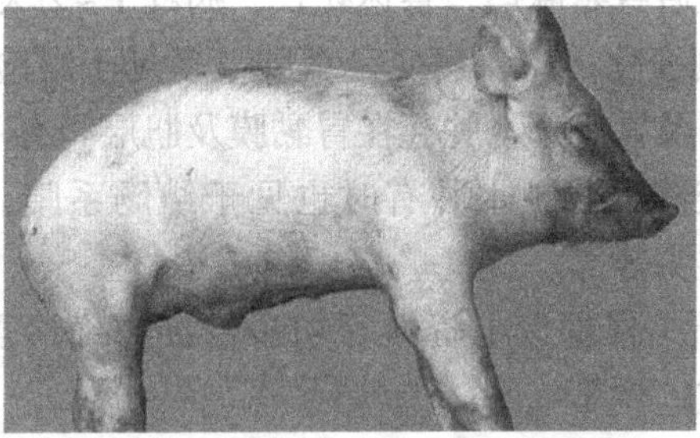

图2－9　四肢僵硬后伸－强直性痉挛症状

3. 解剖变化

无特殊有诊断价值的病理变化。

4. 诊断

根据特有的临床症状，应激性增高，肌肉强直性痉挛，体温正常，结合创伤史可以确诊。对经过较缓慢的病例应注意与急性肌肉风湿、马钱子中毒相混诊，急性肌肉风湿无应激性增高反应，马钱子中毒肌肉痉挛有间歇期，发病快。

5. 防治

预防：在该病多发地区，用破伤风类毒素进行接种，平时注意外科手术创伤消毒。

治疗：首先要对创伤进行处理，排出异物，扩创、消毒，然后进行药物治疗，方法如下。

（1）中和毒素。选用破伤风抗毒素，肌内注射，3天1次，连续3次，首次量为常规用量的6～8倍。

（2）缓解症状。可用25%硫酸镁或盐酸氯丙嗪静脉或肌内注射，每日1次，直至痉挛缓解。当牙关紧闭，开口困难时可用3%普鲁卡因10ml，0.1%肾上腺素0.6～1.0ml，混合注入咬肌。

（3）加强护理。注意保持环境安静，严重流涎时，应将猪头部放低，使其自然流出，以防窒息死亡。

十、狂犬病

1. 流行特点

狂犬病又称恐水病，俗称疯狗病，是人畜共患传染病，所有温血动物都有易感性，该病的传播方式是由患畜咬伤直接接触感染。

2. 临床症状

本病特征是神经兴奋和意识障碍，局部或全身麻痹，潜伏期较长，猪发病后兴奋不安，横冲直撞，叫声嘶哑，流涎，常攻击人。兴奋间歇期常钻入垫草中，稍有响动，即一跃而起，无目的地乱跑。最后出现麻痹症状而死亡，病程 2 ~4 天。

3. 解剖变化

无肉眼可见的特征性病变。

4. 防治

凡确诊为狂犬病的动物，应及时捕杀做无害化处理，疫区和受威胁地区用狂犬疫苗接种。凡被患狂犬病或可疑狂犬病的动物咬伤的家畜，应对伤口彻底消毒处理，最好使伤口多流血，然后用20%肥皂水或0.1%升汞或5%碘酊等消毒处理，有条件的可即时用狂犬疫苗接种。

十一、猪痘病

1. 流行特点

常发生于4 ~6 周龄幼猪，断奶小猪也能够感染，成年猪抵抗力强，主要通过皮肤接触和蚊虫叮咬传染，常呈地方流行，猪舍潮湿，卫生不良时流行较严重。

2. 临床症状

本病的主要特征是皮肤上出现痘疮，其经过为发疹、丘疹、水疱、脓疱，最后形成痂皮而痊愈（图 2－10）。这些感染猪痘病毒和痘苗病毒时，两者几乎不能区别。

病初患病猪体温升高，精神不振，食欲减退，鼻眼有浆液性分泌物，以后在鼻盘、眼皮、肢内侧及下腹部等被毛稀少的部分出现深红色的结节，突出于皮肤表面，略呈半球状，表面平整（为发疹期），然后逐渐变大，形成水疱（水疱期）。之后水疱中心呈褐色至茶褐色，周围呈红色的脓疱（脓疱期）。自然病例几乎观察不到水疱。最后，病灶表面凝固，形成暗褐色痂皮（结痂期）。痂皮脱落后，遗留白色疤痕而痊愈（痊愈期）。若病变部发痒时常摩擦致使痘疹破裂，有浆液或血液渗出，局部黏附泥土、垫草，结成厚痂使皮肤如皮革状，病程因此可延长。发病猪几乎不死亡，但若有重度细菌感染和环境恶化时可出现死亡。

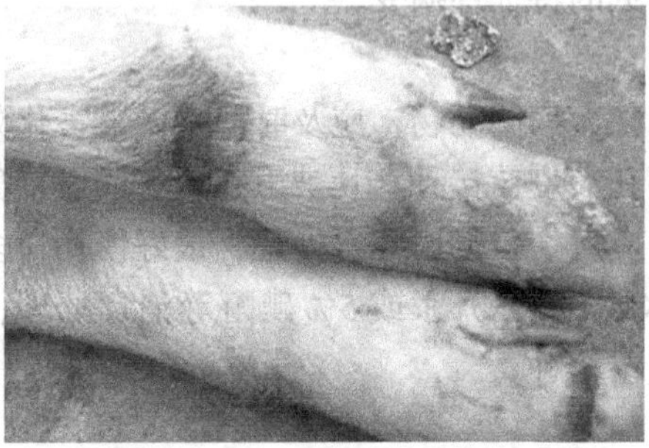

图 2－10　出现深红色的结节

3. 诊断

临床诊断：体表的痘疹是典型的表现，其经过为发生丘疹、水疱、脓疱、结痂痊愈，并结合发病日龄、发病季节等流行病学资料，就能作为初步诊断。同时，应注意与湿疹等相似皮肤性疾病区别。确诊需进行实验室检查。

病毒学诊断：猪痘病毒只能在同源细胞中经过多次的适应继代以后，才可产生细胞病变，痘苗病毒在猪源细胞外的细胞上也能发育，产生典型的细胞病变。痘苗病毒在发育鸡胚尿囊膜上形成痘斑，对鸡红细胞有凝集性。

动物试验：猪痘病毒仅使猪发痘；痘苗病毒在鸡、家兔皮肤感染试验中，接种处可产生典型的痘，猪痘病毒则不能。

4. 防治

平时注意猪舍的清洁卫生工作和杀灭外寄生虫工作，发生该病后应注意消毒。治疗上主要进行局部和对症治疗，皮肤疹块用0.1%高锰酸钾洗涤，再涂以碘甘油或3%甲紫溶液，当有继发感染时，应用抗生素治疗。

十二、猪布氏杆菌病

1. 病原及流行特点

该病是由布鲁氏杆菌引起的一种慢性传染病，且可经猪传染给人，病菌主要侵害猪的生殖器官，引起母猪流产、公猪发生睾丸炎。在自然情况下，牛、羊、猪均易感，母畜较公畜易感性高，成年畜较幼畜易感性高。病畜及带菌动物是主要传染源，经消化道和性交配感染（图2－11）。

2. 临床症状

潜伏期长短不一，短的2周，长的可达数年，临床上主要表现为母猪流产，多发生在怀孕前期或后期，产出胎儿为死胎或弱胎，公猪患病常表现关节炎，睾丸炎及附睾炎，关节肿胀疼痛，睾丸及附睾无痛肿大。

3. 解剖变化

因患畜多无死亡，应从胎儿解剖及胎衣变化鉴别。胎衣呈黄

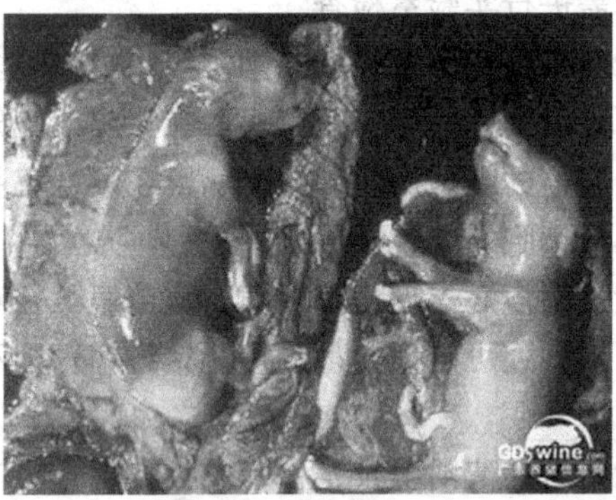

图 2－11 猪布氏杆菌病

色胶样浸润，有的增厚杂有出血点，绒毛膜的间隙中有灰色或黄绿色胶样分泌物。

4. 诊断

流产胎儿胎衣的病理变化，有助于诊断，确诊需通过实验室诊断。

5. 防治

目前，该病治疗无特效药，应以预防为主，坚持自繁自养，引进种猪要严格产地检疫。畜群中如发现无明显原因的流产，应隔离流产畜和消毒流产环境，并尽快做出诊断。该病多发地区，每年应定期预防接种。因该病是人畜共患传染病，用于接种的菌苗对人有一定的病原性，预防接种时，防疫人员应做好自我保护。

十三、猪流行性感冒

1. 病原及流行特点

病原为流感甲型病毒，是猪的一种急性，高度接触性传染病，各品种不同年龄、性别的猪均易感染，常突然发病，暴发流行整个猪群，传染源是病猪和隐性带毒猪，主要通过呼吸道传染。多发生于气候突变的晚秋和早春以及寒冷的冬季。

2. 临床症状

潜伏期为几小时到数天，猪只突然发病，1～3 天内大批猪发病。猪体温突然升高，可至 40～42℃，最高可达 43℃。病猪精神沉郁，食欲降低或废绝，常挤卧在一起，肌肉关节痛、不愿活动，呼吸急促困难，咳嗽，眼分泌物增多，眼结膜潮红，从鼻孔流出清水或浓稠鼻涕，部分猪口腔有白色分泌物（白沫）流出。

3. 解剖变化

鼻、喉、咽、气管和支气管黏膜充血肿胀，气管内有大量黏液状混血泡沫；肺病变区与周围正常区域界限分明，切面如鲜牛肉状，病变部位通常限于尖叶、心叶和中间叶，呈不规则的对称；肺膨胀不全，稍凹陷，周围组织有气肿，呈苍白色，肺门和纵隔淋巴结显著肿大，切面多汁；肺尖叶、心叶及副叶呈深紫红色，有血样浸润病灶；脾轻度肿大；心包蓄积含纤维素的液体；部分患猪胃肠黏膜发生卡他性炎症，十二指肠充血明显。

4. 诊断

根据流行情况，临床症状和病理变化可以作出诊断。可应用血凝抑制试验检测猪流感抗体，抗体滴度等于或低于 1∶20 被认为阴性；抗体滴度大于或等于 1∶40 则认为是阳性。必要时可进行动物接种试验。

5. 防治

（1）预防。

①可用消毒剂消毒被污染的栏舍、工具和食槽，防止本病扩散蔓延。同时，用无刺激性的消毒剂定期对猪群进行带猪喷雾消毒，以减少病原微生物的数量。

②在疫病多发季节，应尽量避免从外地引进种猪，引种时应加强隔离检疫工作，猪场范围内不得饲养禽类，特别是水禽。

③防止易感染猪和感染流感的动物接触，如禽类、鸟类及患流感的人员接触。本病一旦暴发，几乎没有任何措施能防止病猪传染其他猪。

④尽量为猪群创造良好的生长条件，保持栏舍清洁、干燥，特别注意冬春、秋冬交替季节和气候骤变，在天气突变或潮湿寒冷时，要注意做好防寒保暖工作。

⑤猪流感危害严重的地区，应及时进行疫苗接种。

（2）治疗。

①可选用柴胡注射剂（小猪每头每次3~5ml，大猪5~10ml），或用30%安乃近3~5ml（50~60kg体重），复方氨基比林5~10ml（50~60kg体重），青霉素（或氨苄西林、阿莫西林、先锋霉素等）。

②对于重症病猪每头选用青霉素600万IU+链霉素300万IU+安乃近50ml，再添加适量的地塞米松，一次性肌内注射，每天2次。

③对严重气喘病猪，需加用对症治疗药物，如平喘药氨茶碱，改善呼吸的尼可刹米，改善精神状况和支持心脏的苯甲酸钠咖啡因，解热镇痛药复方氨基比林、安乃近等。

十四、猪流行性乙型脑炎

1. 病原及流行特点

病原为日本乙型脑炎病毒，猪易感染，其他家畜感染后为隐性，该病发生的季节性明显，多发生于夏末。主要通过接触及蚊虫叮咬传播（图2-12）。

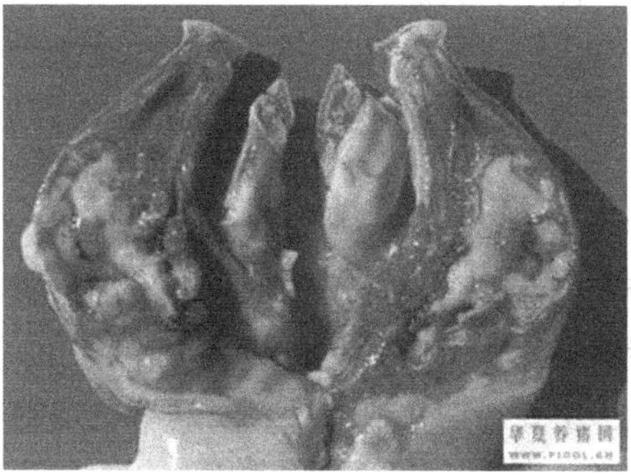

图 2－12　猪流行性乙型脑炎图解

2. 临床症状

突然发病，体温升高到 40～41℃，稽留数天至十几天，个别猪后肢轻度麻痹，关节肿胀，疼痛跛行。患病怀孕母猪主要表现流产、死胎或木乃伊胎，患病公猪多表现为一侧睾丸肿大，一般转归良好。

3. 解剖变化

睾丸肿大，呈不同程度充血，出血和坏死灶。间有睾丸萎缩硬化与阴囊粘连。子宫内膜显著充血，上面覆有黏稠的分泌物，黏膜上有小点出血，在产死胎的子宫黏膜下组织水肿，流产的死胎胎儿，体躯后部皮下常有水肿，肌肉色浅，胸、腹腔积液。

4. 诊断

根据流行季节和临床症状可作出初步诊断，确诊须进行病毒的分离培养，作血清学检查。临床上应注意与布鲁氏菌病的区别。

5. 防治

预防在疫区可用日本乙型脑炎弱毒疫苗，于流行期前 1 个月，对 4 月龄以上的公、母猪进行免疫接种。治疗上无特效药，为防止继发感染，可注射抗菌药，可用板蓝根 30～50g，煎水内服，每天1剂，连用5天。

十五、猪流行性腹泻

1. 病原及流行特点

病原为猪流行性腹泻病毒。各种年龄猪均易感，乳猪、断奶仔猪和育肥猪感染发病率100%，成年母猪为15%～90%，病猪是主要传染源，主要经消化道传染，发病有一定的季节性，多发生于寒冷的冬季。

2. 临床症状

该病主要是呕吐、腹泻和脱水为特征。呕吐多发生于吃食和吃乳后，或者在腹泻之间有呕吐（图2－13）。粪稀如水，呈棕红色或灰白色，且腥臭。症状的轻重随日龄大小差异很大，年龄越小，症状越重，1周龄以内的乳猪发生腹泻后经2～4天脱水死亡，死亡率平均为50%。断奶后的猪及母猪感染后体温无明显变化，4～7天后可自行恢复。成年猪症状较轻，3～4天可自愈。

图2－13　猪流行性腹泻

3. 解剖变化

尸体消瘦脱水，皮肤干燥，小肠膨胀，肠壁变薄，肠系膜充血，系膜淋巴结水肿，肠内充满大量灰白色或黄绿色液体。

4. 诊断

根据流行病学特点，临床症状，解剖变化可初步诊断，确诊需要进行实验室诊断，临床上注意与仔猪黄白痢和猪传染性胃肠炎区别。

5. 防治

预防：主要是接种疫苗，加强管理，严格消毒等措施。

治疗：主要采取对症疗法，病猪群补口服盐溶液，或用四黄注射液或穿心莲注射液肌内注射；耳静脉滴注葡萄糖液，碳酸氢钠，维生素 C 等；肌注盐酸山莨菪碱注射液 100ml，每日 2 次。

十六、猪传染性萎缩性鼻炎

1. 病原及流行特点

病原主要是产毒素多杀巴氏杆菌和支气管败血波氏杆菌。该病不同年龄的猪都有易感性。小猪病变最为严重，外来品种较本地猪易感；病猪和带菌猪是主要传染源；传播途径主要是飞沫传播，经呼吸道传播；本病在猪群中传播比较缓慢，多为散发或地方流行，发病多集中在春、秋气候突变的时节。

2. 临床症状

受感染的小猪出现鼻炎症状，打喷嚏，呈连续或断续性发生，呼吸有鼾声。猪只常因鼻类刺激黏膜表现不安定，用前肢搔抓鼻部，或鼻端拱地，或在猪圈墙壁、食槽边缘摩擦鼻部，并可留下血迹；从鼻部流出分泌物，分泌物先是透明黏液样，继之为黏液或脓性物，甚至流出血样分泌物，或引起不同程度的鼻出血。

在出现鼻炎症状的同时，病猪的眼结膜常发炎，从眼角不断流泪。由于泪水与尘土沾积，常在眼眶下部的皮肤上，出现一个半月形的泪痕湿润区，呈褐色或黑色斑痕，故有“黑斑眼”之称，这是具有特征性的症状。

有些病例，在鼻炎症状发生后几周，症状渐渐消失，并不出现鼻甲骨萎缩。大多数病猪，进一步发展引起鼻甲骨萎缩。当鼻腔两侧的损害大致相等时，鼻腔的长度和直径减小，使鼻腔缩小，可见到病猪的鼻缩短，向上翘起，而且鼻背皮肤发生皱褶，下颌伸长，上下门齿错开，不能正常咬合。当一侧鼻腔病变较严重时，可造成鼻子歪向一侧，甚至成45°歪斜（图2－14）。由于鼻甲骨萎缩，致使额窦不能以正常速度发育，以致两眼之间的宽度变小，头的外形发生改变。

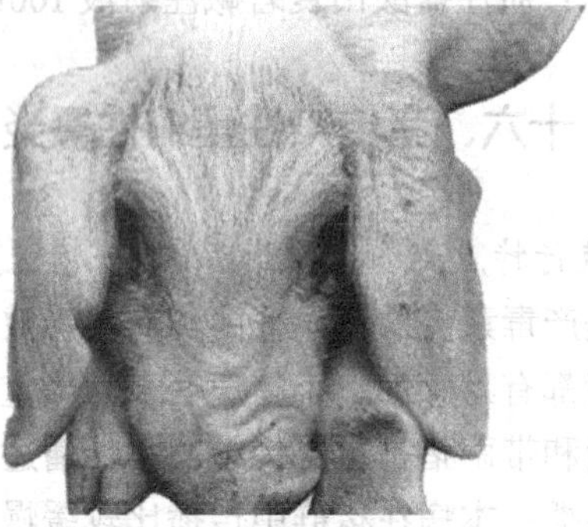

图2－14　鼻梁弯曲

病猪体温正常。生长发育迟滞，育肥时间延长。有些病猪由于某些继发细菌通过损伤的筛骨板侵入脑部而引起脑炎，发生鼻甲骨萎缩的猪群往往同时发生肺炎；并出现相应的症状。

3. 诊断

根据临床症状，大小猪均可发病，发病集中在春、秋季节可以确诊。

4. 防治

预防平时搞好环境卫生和消毒工作，在该病多发地区每年做好预防接种，同时，用抗生素拌料饲喂 3 ~4 周可预防。治疗用抗生素，有较好疗效。用青霉素、链霉素按常规剂量，配合清热解毒药（安乃近、复方氨基比林）肌内注射一日两次，连用 2 ~3 天可治愈。

【阅读】

农村养猪户如何防治猪的传染病

在农村养猪的生产过程中，饲养方式多样，人员走动频繁。一旦猪发生传染病，便难以控制。下面从传染病的预防和疫苗的使用两方面叙述，使农村养殖户了解和掌握防疫灭病知识。

1. 传染病的预防

（1）把好进猪关。在市场购进仔猪时，一是要了解仔猪的防疫情况，是否打有耳标，没有耳标的一般没有免疫。二是要查看畜禽产地检疫证明，未经免疫、检疫的一般不要购买。如购进不是同窝仔猪，要隔离饲养、观察，确定健康猪后方可合群。

（2）推行自繁自养。它是控制传染病发生的有效措施。养猪规模较大的户，最好饲养可繁母猪自繁自养，购进可繁母猪时，应从信誉好的良种猪场引进，这是养好猪的基础。

（3）注意消毒，保持卫生。消毒不但能杀死环境中的病菌，而且对某些病毒都有杀死作用，从而减少猪群疫病的感染机会。正常情况下，应每周消毒 1 次，发生疫病时，应每日消毒 1 次，平时应及时清扫猪舍，保持猪舍、用具清洁卫生。

（4）适时用药。要备足常用药，如抗生素类、驱虫药、消毒药等。对本地危害较重的细菌疾病要有针对性的药物。在仔猪阶段要预防仔猪黄痢、白痢、仔猪水肿病等，在断奶转群时，应在饲料中添加电解多维，以防应激反应。病毒性病疫病必须用疫苗预防。

(5) 自我制约，互不串门。饲养人员及家人不要到有病猪发生的户（场）参观或协助治疗，要自我制约，互不串门，以防止通过人员带毒（菌）造成疫情传播。

2. 疫苗的使用

(1) 选择优质疫苗。同一种疫苗，因生产厂家不同，效果也存在差异，选择疫苗时，要选择有批准文号、批号、制造日期、有效期，正规生物制品厂生产的优质、高效、安全疫苗，是防疫成功的关键所在。

(2) 注意疫苗保存。在购进疫苗途中，要把疫苗放在有冰块的保温杯（箱）内，所购疫苗应选择日期较近的，疫苗购进后，如不马上使用，活疫苗应放在－15℃以下保存，灭活疫苗要保存在4～8℃的冰箱内。

(3) 正确使用疫苗。使用疫苗时，严格按照说明书及瓶签上的各项规定使用。冻干苗用生理盐水或蒸馏水稀释，活疫苗一旦稀释，必须在3小时内用完，剩余的倒掉深埋销毁；防疫器械进行消毒处理后备用。灭活苗在严格无菌操作的情况下，对未用完的疫苗瓶将针孔用蜡封好，短时间内可继续使用，尽量避免向瓶内打气和多次使用。

(4) 制定免疫程序。养殖户要根据仔猪的不同生长阶段，按照防疫程序进行免疫，以保证免疫效果。

第三章　家禽常见传染病

在家禽饲养中，传染病的流行往往会造成家禽的大批发病和死亡，从而给养殖业生产造成巨大的损失。因此，传染病的防治工作也就成为制约养殖业发展的关键环节。学习家禽传染病知识、坚持“预防为主，防治结合”的方针，制订并落实疫病的净化和扑灭规划及实施方案，显得尤为重要。

一、鸡新城疫

1. 病原及流行特点

病原为鸡新城疫病毒，各种鸡都有易感性，鸡易感性最高，在鸡中幼雏及中雏较成年鸡为高，2 年以上鸡感染性较低。从品种上看引进鸡较当地土种鸡易感性高；传染源是病鸡和带毒鸡。受感染鸡在未出现症状前一天就可排毒，病愈后的 5 ~7 天仍在排毒，有些鸟类可成为隐性带毒者；传播途径主要是呼吸道和消化道，也可经创伤、交配和孵化而传播，该病一年四季均可发生，但以春、秋两季多发。

2. 临床症状

该病潜伏期为 3 ~5 天，根据临床表现可分为最急性、急性、亚急性和慢性。

最急性：仅见精神萎靡，常无特征症状而突然死亡，多见于流行初期和雏鸡。

急性：病初体温升高达 43 ~44℃，食欲减退或废食，离群呆立，垂头缩颈，双翅下垂，打盹，鸡冠及肉垂为暗红色，继而咳嗽，呼吸困难，伸颈张口发出咕噜音，口角常流出大量黏液，嗉囊充满液体，倒提时常有大量具酸臭液体从口中流出。拉稀，粪便黄绿色和黄白色，后期粪便带血或蛋清样。如图3－1所示，为鸡新城疫病鸡。

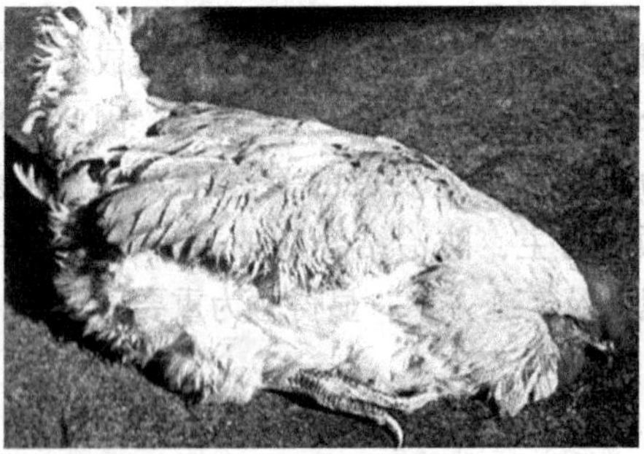

图3－1　鸡新城疫病鸡

亚急性和慢性：初期症状与急性相似，但同时出现神经症状，腿、翅麻痹，跛行或站立不稳，头颈向后或向侧歪斜，呈观星姿势，或做转圈运动。

3. 解剖变化

全身黏膜、浆膜出血，以消化道表现明显，嗉囊充满具有酸臭味液体，腺胃黏膜水肿，乳头及乳头间有明显的出血点，或溃疡坏死，肌胃角质层下也常见出血点，小肠到盲肠黏膜有大小不等的出血点或溃疡。小鸡仅见胃肠黏膜卡他性炎症。

4. 诊断

根据流行病学、临床症状和解剖变化可作出诊断。但应注意与鸡霍乱相区别。鸡霍乱可感染鸭，无神经症状。

5. 防治

该病无特效治疗药，主要靠预防接种。治疗上为控制继发感染，提高抵抗力，可用鸡瘟清片和黄连素口服。

二、鸡痘

1. 病原及流行特点

病原为鸡痘病毒。各品种年龄鸡均易感，幼鸡发病后死亡率高，成年鸡较少患病，主要影响产蛋率。病鸡是传染源，经直接接触和昆虫传播，无明显季节性，但以潮湿季节多发。

2. 临床症状

根据临床表现可分为皮肤型和黏膜型。皮肤型鸡痘表现为身体无羽毛部位发生痘疹结节，其表面凹凸不平，坚硬干燥，严重时眼睑长满痘疹，可使视角丧失（图 3 –2）。黏膜型鸡痘表现为口腔、咽喉溃疡，气管前部有痘疹及干酪样渗出物，阻塞呼吸道导致鸡窒息而死，死亡率在 40% 以上。混合型鸡痘兼有上述两型的症状。

图 3 –2　鸡痘

3. 诊断

根据流行特点，主要症状可初步诊断，确诊需要从病料中镜检到胞浆内包涵体。

4. 防治

接种鸡痘疫苗可有效防治本病。规模养鸡场和常发地区每年春、秋两季时用弱毒苗各刺种免疫1次。

治疗上目前尚无特效药物，主要采取对症疗法。皮肤痘痂可用0.1%高锰酸钾涂擦，用镊子剥离痘痂，然后在伤口处涂上碘酊。口腔、咽喉黏膜病灶，可用镊子将假膜剥离，冲洗后涂擦碘甘油。为防止继发细菌感染，可在饲料中添加0.08%~0.1%的土霉素，连喂3天。

三、禽霍乱

1. 病原及流行特点

病原为禽巴氏杆菌。各种家禽、野禽均易感，以鸡、火鸡、鸭最易感。病鸡是传染源，经消化道、呼吸道传染。一年四季可发生，夏末秋初发病较多，呈地方流行或散发性。该菌为健康呼吸道常在菌，当饲养管理不当，天气骤变等即可诱发内源性感染。

2. 临床症状

最急性型多发于蛋鸡，肥胖鸡；病鸡无任何症状而突然死亡。急性型表现体温升高达43~44℃，食欲废绝，饮欲增加，剧烈腹泻，粪便灰白、黄白或黄绿色，呼吸困难，张口呼吸，病程1~3天，死亡率很高。禽霍乱水肿增厚，如图3-3所示。慢性型多由急性未死转变而来，以慢性呼吸道或消化道炎症出现，口鼻流黏液性分泌物，鼻窦肿大，呼吸困难，有的病鸡关节发炎、肿大、跛行，病程可达1个月以上。

3. 解剖变化

最急性型无明显剖检病变。急性型特征性病变是肝大、质地变脆，表面布满灰白色或黄色针尖大坏死灶，心外膜，肠黏膜有

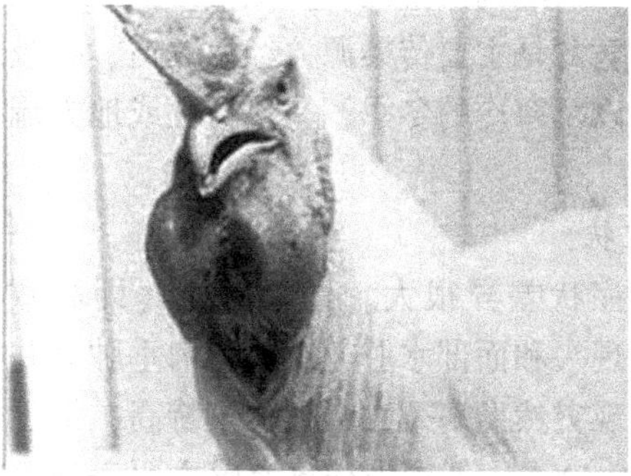

图 3－3　禽霍乱水肿增厚

大小不等的出血点。慢性型可见鼻腔和窦内积液，关节面粗糙，内附干酪样物质。

4. 诊断

根据流行病学特点，主要症状与病理变化可初步诊断，确诊需要进行实验室诊断。

5. 防治

预防：平时加强饲养管理，避免应激因素，防止内源性感染，最好经常喂些抗生素饲料，鸡舍保持干燥、卫生，并定期消毒，在常发地区每年定期用禽霍乱灭活菌苗或弱毒苗进行免疫接种。

治疗：青霉素、链霉素、长效土霉素肌内注射均有一定疗效，每日 2 次，连用 2 天。氟哌酸、喹乙醇拌料或饮水，按预防用量加倍，连用 2～3 天。

四、禽流感

1. 病原及流行特点

病原为禽流感病毒。各种家禽和野禽均易感，以鸡和火鸡最易感。高毒力株引起鸡大批死亡，低毒力株只引起少数鸡死亡或不发生死亡。病禽是主要传染源，经消化道、呼吸道感染。多发于晚秋、早春以及寒冷的冬季，呈流行性或地方流行性。人可感染高毒力株。

2. 临床症状

毒株不同症状差异很大。高毒力株（即高致病性禽流感）感染后，可出现头和面部水肿，鸡冠和肉垂肿大并发绀，脚鳞出血等症状，表现突然发病死亡，死亡率特高，常于2天内鸡群全群覆没（图3－4）。中低毒力株禽流感主要表现为轻度呼吸道症状。产蛋率、受精率和孵化率下降，死亡率很低，该型禽流感是目前我国发生的主要临床类型。

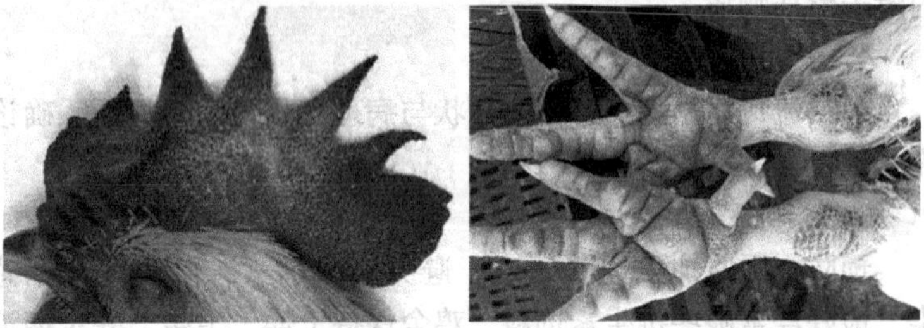

图3－4 禽流感症状

3. 解剖变化

高毒力株禽流感常无明显变化，病程稍长者可见皮肤、冠和内脏器官有不同程度的充血，出血和坏死。低毒力株禽流感主要病变是气管充血，点状出血，肺泡炎，腹膜炎，卵泡退化。

4. 防治

（1）控制传染源传入鸡群，严格消毒措施。

（2）加强饲养管理，提高抗病力。

（3）发现疑似高致病性禽流感后，要迅速确诊，立即上报疫情，并采取果断扑杀措施，封锁和消毒疫区，严防人禽交叉传播。

（4）每年定期用灭活苗免疫接种。治疗上目前尚无特效药物，可用抗病毒药进行辅助治疗：可用病毒灵，按0.02%～0.1%拌料投喂，连用5～7天；或用病毒唑，按0.01%～0.05%比例饮水，连用5～7天。

五、鸡白痢

1. 病原及流行特点

病原是鸡白痢沙门氏杆菌。鸡、火鸡易感，在鸡群中对2～3周龄的雏鸡危害最大，成年鸡多表现为慢性或隐性感染。病鸡和带菌鸡是主要传染源，传播途径主要是垂直传播，或经消化道和呼吸道传播，一年四季都可发生，无明显的季节性。

2. 临床症状

该病潜伏期为4～5天，多发生2～3周龄的小鸡，表现精神不振，羽毛松乱，打盹，出现软嗉囊，拉白色或灰白色糨糊状粪便，黏连于肛门周围，堵塞肛门致使排粪困难，排粪时发出尖叫声，最后因呼吸困难及心力衰竭而死亡，病程一般为4～5天。鸡白痢肺部坏死，如图3－5所示。成年鸡感染多无临床症状，少数现沉郁，厌食、下痢。

3. 解剖变化

发病后很快死亡的雏鸡，变化不明显。病程稍长的可见肛门周围有白色粪便，肝脏肿大，充血有出血点或条状出血，肺充血、出血，常有白色结节。

4. 诊断

根据流行特点，主要症状与病理变化可初步诊断，确诊需进行实验室细菌分离鉴定。

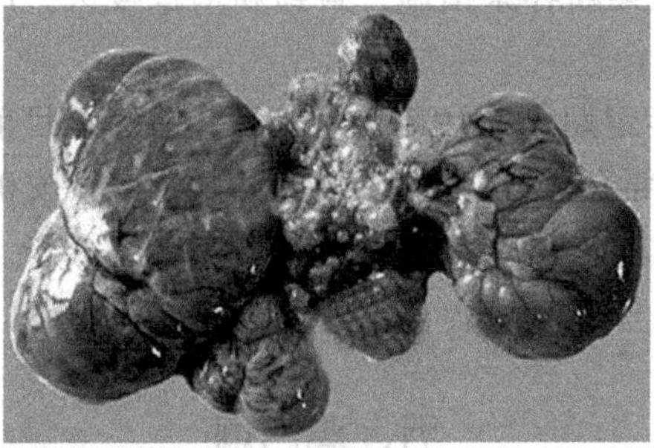

图 3-5　鸡白痢肺部坏死

5. 防治

预防：综合性预防：严格选种，严格检疫，淘汰病鸡或带菌鸡，严格种蛋及环境的消毒。药物预防：雏鸡从 4 日龄开始，用 0.1% 高锰酸钾或氟哌酸饮水或用磺胺脒，呋喃唑酮，复方敌菌净拌料饲喂，连用 1 周。

治疗：可用上述药物，但剂量要加倍，连用 5 天。

六、传染性法氏囊病

1. 病原及流行特点

病原为传染性法氏囊病毒。鸡、火鸡均易感，以 3~6 周龄幼鸡最易感。病鸡或带毒鸡为传染源，经消化道、呼吸道感染。一年四季均可发生，以 4—6 月发病多，呈地方流行性或流行性，发病率 100%，死亡率 50% 左右。

2. 临床症状

病鸡表现为厌食，间歇性腹泻，排黄白色水样粪便，脚爪干枯，最后衰竭而死。由于病鸡的中枢免疫器官法氏囊受损，使鸡对各种病原体的易感性增强，导致其他接种免疫抑制，继发其他疫病，造成严重后果。传染性法氏囊病，如图 3－6 所示。

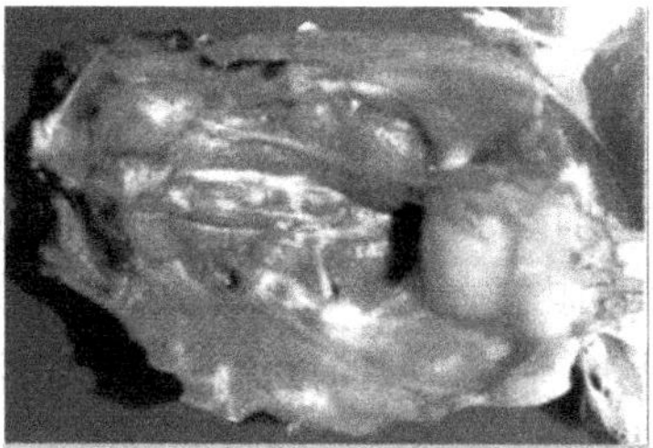

传染性法氏囊病鸡肾脏肿大、苍白，法氏囊肿大，外被黄色透明的胶冻物

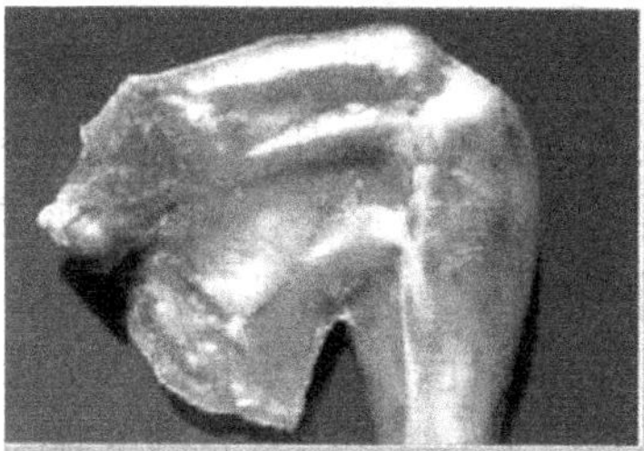

传染性法氏囊病鸡腿内侧肌肉有条状或斑状出血

图 3－6　传染性法氏囊病

3. 解剖变化

特征性病变在法氏囊。早期法氏囊水肿，充血，体积及重量均增加；后期法氏囊迅速萎缩，色深灰，触之坚硬。其他可见胸肌条状出血，腺胃与肌胃交界处黏膜条状出血。

4. 诊断

根据流行特点，主要症状与病理变化可初步诊断。确诊需分离鉴定传染性法氏囊炎病毒。

5. 防治

预防：主要采取加强饲养管理，做好检疫和免疫接种工作，免疫接种选择中等毒力活疫苗效果最佳。

治疗：可用高免血清或卵黄抗体治疗，每只鸡皮下注射 1ml。发病早期用 2～4 倍量的弱毒苗进行免疫接种，可减少传染性法氏囊炎的死亡率。

七、家禽流行性感冒

1. 病原及流行特点

家禽流行性感冒，又称真性鸡瘟或欧洲鸡瘟，是由禽流感病毒引起的禽类的一种急性、高度致死性的传染病。

2. 临床症状

体温升高到43℃以上，沉郁，鸡冠和肉髯呈黑色，头部出现水肿，眼睑、肉髯肿胀。眼结膜发炎，分泌物增多。呼吸困难，常发出“咯咯”声。口腔黏膜有出血点，脚上鳞片有出血斑点，有的病鸡出现瘫痪、惊厥和盲眼，病死率50% ~100%。在鸭子中急性病例与鸡相似。临床上也有温和型的禽流感，死亡率不高，主要以产蛋量急剧下降为特征。

3. 病理变化

特征性的病变是口腔、腺胃、肌胃角质膜下层和十二指肠出血，脚肢上的鳞片有出血斑对诊断本病有重要意义。头、眼睑、肉髯、颈和胸等部分肿胀组织呈淡黄色，肝、脾、肾、肺常见灰黄色小坏死灶。

4. 防制措施

（1）本病无特效药治疗，平时应注意防范。本病免疫尚在探索中。

（2）发生本病时应采取严厉的封锁和扑杀措施。

八、鸡马立克氏病

1. 病原及流行特点

马立克氏病是由马立克氏病病毒引起的一种淋巴组织增生性疾病。病的特征是病鸡的外周神经、性腺、虹膜、内脏器官发生淋巴样细胞浸润，引起内脏某些器官形成肿瘤（图3 -7）。

2. 临床症状

本病可分为4种类型：即神经型（古典型）、内脏型（急性型）、眼型和皮肤型。有时混合发生。

（1）神经型。主要侵害外周神经，而引头颈歪斜、腿或翅

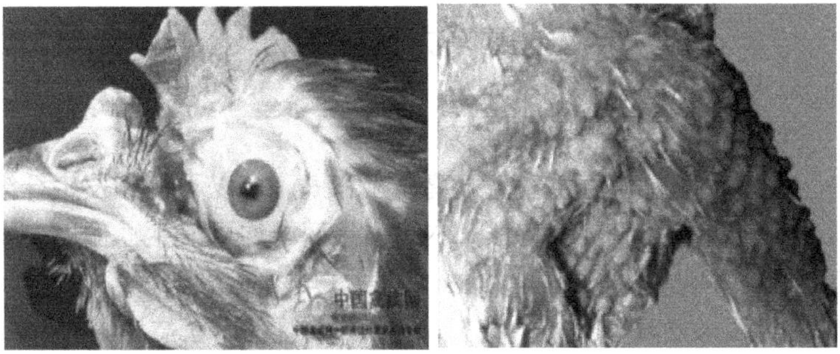

图 3－7　鸡马立克氏病

膀麻痹。

（2）内脏型。幼龄鸡多发，死亡率高。主要表现鸡冠苍白、萎缩，下痢，病程短。

（3）眼型。可发生一眼或双眼。主要为虹膜正常色素消失，虹膜逐渐丧失对光线强度适应的调节能力，呈同心环状或斑点状以至弥漫性的灰白色，故称“灰眼病”或“白眼病”。

（4）皮肤型。皮表毛囊出现灰白色实硬的小结节。

3. 病理变化

外周神经病变最常见于腹腔神经丛、内脏大神经、坐骨神经丛和臂神经丛等，表现神经干增粗，横纹消失。特别是坐骨神经多是一侧性的。内脏病变主要表现肉脏器官弥漫性肿大，组织器官颜色变淡或形成大小不等的肿瘤块，常见于卵巢、肝脏、脾、肾、肺脏等。

4. 防制措施

（1）做好疫苗接种工作，在 1 日龄就要接种马立克氏病疫苗。

（2）发生马立克氏病应及时处理与淘汰。

九、家禽大肠杆菌病

1. 病原及流行特点

家禽大肠杆菌病可发生于鸡、鸭和鹅。多以下痢和发生纤维素性心包炎及腹膜炎为特征。本病一年四季均可发生，但以冬末春初较为常见。

2. 临床症状

本病临床表现多样，如腹泻、大肠杆菌败血症、卵黄性腹膜炎、输卵管炎、关节炎、脐带炎、肉芽肿、全眼炎以及大脑病等（图 3－8）。

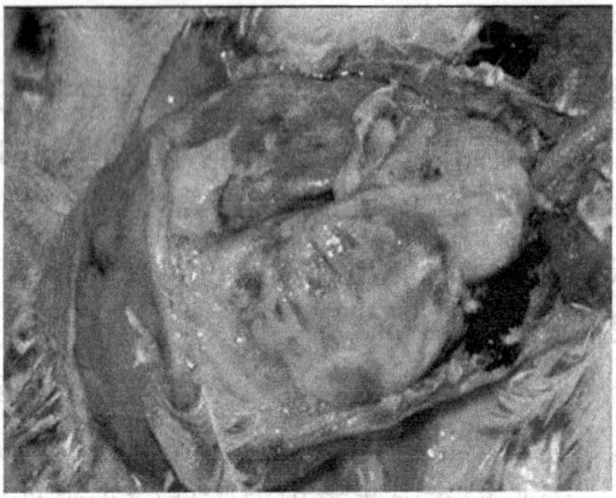

图 3－8 家禽大肠杆菌病

3. 病理变化

主要病理变化为纤维性心包炎和腹膜炎，肝周炎和气囊炎。表现心包积液，心包混浊、增厚，有纤维素渗出物与心肌粘连；腹水增多，有纤维素性渗出物。肠尤其十二指肠水肿、黏膜充血或有出血。

4. 防制措施

防治：平时应搞好卫生，注意消毒和防寒，预防可采用本场发病的菌株制成灭活苗接种能收到良效。

治疗：本菌对多种抗生素和磺胺类及喹诺酮类药均敏感，但应注意本病易产生耐药性，有条件的可用药敏试验筛选敏感药。个别病鸡可用庆大霉素、卡那霉素或链霉素肌内注射，每日1次，连续3日。

【阅读】

人类如何预防禽流感

统计显示，我国人禽流感病例70%以上发病时间集中在冬春季。大多数病例在发病前都有直接或间接的病死禽接触史，或者是发病前去过活禽市场。为此，冬春季做好个人防护，避免接触活家禽及其粪便，才可能避免病毒侵害。

对于一些密切接触禽类的工作人员，如养殖、销售、屠宰人员，要做好个人防护，戴口罩、穿防护衣等。若曾触摸，应立即以清水及洗手液、湿纸巾（含酒精）彻底清洁消毒。若发现伤病或死亡的野鸟，应立即告知有关部门，以便安排人员到现场收取做化验。

日常生活中，禽流感的防护方法，具体如图3－9所示。

另外，防治人感染高致病性禽流感要做到“四早”，指对疾病要早发现、早报告、早隔离、早治疗。

早发现：当自己或周围人出现发烧、咳嗽、呼吸急促、全身疼痛等症状时，应立即就医。

早报告：发现人感染高致病性禽流感病例或类似病例，及时报告当地医疗机构和疾控机构。

早隔离：对人感染高致病性禽流感病例和疑似病例要及时隔离，对密切接触者要按照情况进行隔离或医学观察，以防止疫情扩散。

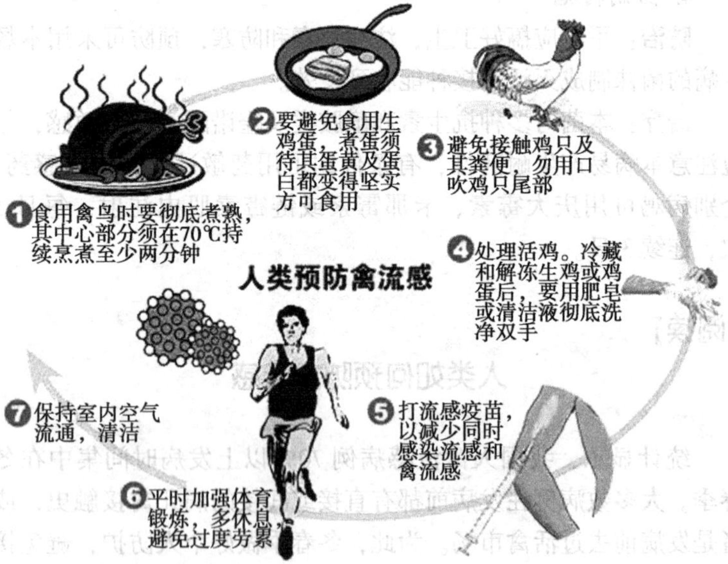

图 3－9　禽流感的防护方法

早治疗：不要轻视重感冒，禽流感的病症与其他流行性感冒病症相似，如发烧、头痛、咳嗽及喉咙痛等，在罕见的情况下，会引起并发症，导致患者死亡。确诊为人感染高致病性禽流感的患者，应积极开展救治。出现发热、头痛、鼻塞、咳嗽、全身不适等呼吸道症状时，应戴上口罩，尽快到医院就诊，并务必告诉医生自己发病前是否到过禽流感疫区，是否与病禽类接触等情况，并在医生指导下治疗和用药。特别是对有其他慢性疾病的人，要及早治疗，经过抗病毒药物治疗及使用支持疗法、对症疗法，绝大部分病人可康复出院。

第四章　牛羊常见传染病

在牛羊生产过程中，牛羊传染病引起死亡的病例时常发生。这不仅使牛羊养殖户遭到巨大的经济损失，还会给畜牧业工作者带来一定的难题。学习牛羊常见传染病的流行特点及诊断与防治措施，攻克这个难题，显得更为重要。

一、牛巴氏杆菌病

1. 病原及流行特点

牛巴氏杆菌病，是由多杀性巴氏杆菌引起的一种急性、热性传染病，一般呈散发性或地方流行性，多发生于夏、秋季节。

多杀性巴氏杆菌在健康牛上呼吸道和上消化道可能就有寄生，当饲养管理不良，气候突变、贼风侵袭、受寒、饥饿、过劳或长途运输等原因而降低畜体抵抗力时，故此菌大量繁殖，毒力增强，引起发病。

本病主要通过消化道、呼吸道传染，也可经外伤和昆虫的叮咬引起感染。

2. 临床症状

潜伏期为2～5天。根据临床可分为败血型、水肿型、肺炎型和慢性型4种。

败血型：病初体温升高41～42℃，精神沉郁，低头拱背，呆立，采食、反刍停止，呼吸、心跳加快，肌肉震颤，结膜充血潮红，鼻镜干燥、流浆液性或黏液性鼻液，重者混有血液。腹泻，粪中混有黏液、黏膜甚至血液，恶臭，有时尿中也带血。一般24小时死亡。

水肿型：病牛胸前及头颈部水肿，严重者波及下腹部。肿胀部初坚硬而热痛，后变冷而疼痛减轻。舌咽高度肿胀，眼红肿、流泪；口流涎；呼吸困难，黏膜发绀，最后窒息或下痢虚脱致死。病程2～3天。

肺炎型：此型最常见，体温升高，呼吸、心跳加快。然后肺炎症状逐渐明显，呼吸困难，干咳而显疼痛，流出混有泡沫的浆液性鼻液并带有血红色，后呈脓性。胸部叩诊有浊音、疼痛反应，听诊有支气管呼吸音或湿性啰音。2岁以内的犊牛，常严重下痢并混有血液。病程一般为1周左右，有的病牛转变为慢性。

慢性型：以慢性肺炎为主，病程1个月以上。

如图4－1所示，为牛巴氏杆菌病牛。

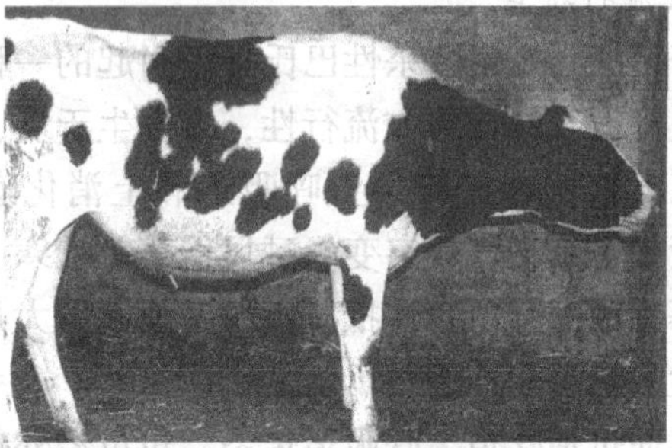

图4－1　牛巴氏杆菌病牛

3. 病理变化

败血型呈现败血症变化，黏膜小点出血，淋巴结充血肿胀，其他脏器也有出血点。肺炎型肺部有不同程度的肝变区，色彩，即所谓大理石样变，胸腔有大量含纤维素性积液，胸膜出现胶样浸润，切开即流出多量黄色澄明液体。淋巴结肿大。此外，其他组织器官也有不同程度的败血变化。

4. 诊断

取死畜心血、脾、肝、淋巴结涂片，以姬姆萨氏染液或瑞氏染液染色，可见两极着色的小杆菌。

5. 预防

（1）平时加强饲养管理和卫生，注意保暖，避免受寒、过劳、饥饿等，以增强抗病能力。

（2）隔离病畜，禁止疫区牛只移动，以防传播。

（3）污染牛栏用5%漂白粉或10%石灰水消毒。粪便和垫草进行堆积发酵处理。

（4）每年定期给牛注射牛巴氏杆菌苗。

6. 防治

预防：病牛隔离饲养。

治疗：

（1）2%氧氟沙星针剂每千克体重3~5mg肌内注射，复方庆大霉素针剂肌内注射每日2次，3天为1个疗程。

（2）乳酸环丙沙星粉剂全群饮水。

（3）10%石灰水消毒圈舍，每日2~3次。

（4）注射牛出败疫苗。

二、坏死杆菌病

1. 流行特点

坏死杆菌病是由坏死杆菌引起的一种畜禽慢性传染病。病原广泛存在于自然界，主要通过损伤的皮肤、黏膜和消化道传染。呈散发性或地方流行性。牛、羊主要发生腐蹄病和坏死性口炎（图4-2）。

图4－2　牛坏死杆菌病

2. 临床症状

腐蹄病：多见于成年牛、羊。表现严重跛行，患肢不敢负重，喜卧地，蹄壳脱落。若不及时治疗，可向内脏转移，体温升高，最后发生脓毒败血症而死亡。

坏死性口炎：坏死性口炎又称“白喉”，多见于犊牛和羔羊。在口黏膜、舌和扁桃体发生坏死并向深部发展，表面形成灰白色假膜。病畜发热、厌食、流涎、间有脓性鼻液，呼吸困难。有时蔓延至肺和肠引起坏死性肺炎和坏死性肠炎，或发生败血症而死亡。

3. 防治

预防：

（1）改善环境卫生和蹄的护理，避免尖硬饲草喂牛。发现创伤及时处理。

（2）不宜在低洼、潮湿的地区放牧，牛栏保持清洁干燥。

（3）病畜必须隔离，畜舍用5%漂白粉或10%石灰水消毒。表层土壤铲除更新，勤换垫草。

治疗：

（1）彻底清除患部脓汁及坏死组织。腐蹄病可用10%～20%

硫酸铜或5%甲醛溶液冲洗，再撒以磺胺粉。口腔黏膜病变，可用0.1%高锰酸钾溶液冲洗，再涂碘甘油。

（2）病情严重的患畜，除对症治疗外，可用抗生素或磺胺类药物进行全身性治疗。

三、牛流行热

1. 流行特点

牛流行热又称“牛三日热”，是病毒通过昆虫叮咬引起的牛的一种急性、热性传染病，其发病季节与昆虫活动季节一致。其特征是突然高热，呼吸道和消化道呈卡他性炎症，关节炎症。传播迅速，病程短，多趋良性经过。仅牛发病，其他家畜不感染。本病的流行有周期性，3～5年流行1次，一次大流行后，间隔1次较小的流行。

2. 病原

病原是一种弹状病毒，存在于病牛的血液和呼吸道的分泌物中。病毒抵抗力不强，一般消毒药均能将其杀死。凡能降低机体抵抗力的不良因素，如天气聚变、阴雨连绵、过度使役、营养不良、畜舍潮湿等，均可促使本病发生。

3. 临床症状

该病潜伏期一般为3～7天。病初恶寒战栗，体温升高达40℃以上，持续2～3天，体温下降，恢复正常。体温升高的同时，病牛流泪，眼睑、结膜充血、水肿，呼吸促迫。食欲废绝，反刍停止，瘤胃蠕动停止，呈现膨胀。粪便干燥，有时下痢。四肢关节水肿、疼痛、跛行，不敢走动，站立困难。皮温不整，特别是角根、耳、肢端有冷感。另外，流鼻涕，口腔发炎、流涎，口角有泡沫，尿少浑浊（图4－3）。

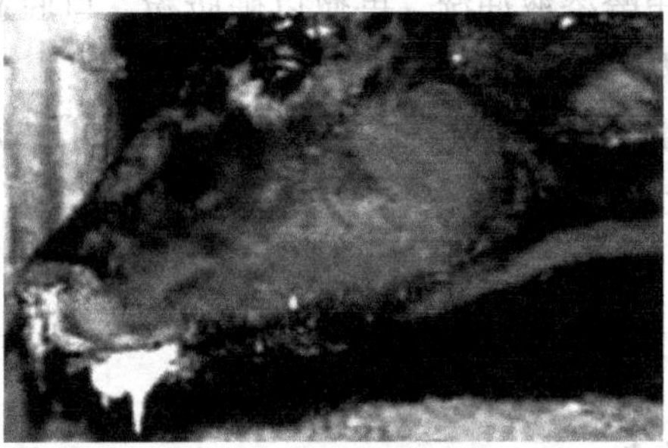

图4－3　牛流行热

4. 病理变化

为间性肺气肿、肺充血、肺水肿。肝、肾稍肿胀，并有散在小坏死灶。

5. 防治

预防： 采取扑灭吸血昆虫和一般的综合性防疫措施。病牛隔离，转移放牧地，防止昆虫叮咬。

治疗： 尚无特效治法，主要采取解热镇痛、强心补液等对症治疗。

四、羊链球菌病

1. 流行特点

本病是羊的一种急性热性传染病，绵羊、山羊均易感。病的特征为咽和颈下淋巴结肿胀，各脏器出血，大叶性肺炎，胆囊胀大。

2. 病原

病原为溶血性链球菌。存在病羊的各脏器中，经分泌物和排泄物排出体外，主要经呼吸道和破损的皮肤感染，吸血昆虫也可传播本病，在老疫区呈地方流行或散发，在新疫区危害很烈。

3. 临床症状

该病潜伏期为 3 ~5 天，突发高热达 41 ~42℃，不吃、反刍停止。结膜充血、流泪有脓性分泌物（图 4 –4）。眼皮、嘴唇、面颊、咽喉以及舌和乳房肿胀。颈下淋巴结肿大，呼吸困难发出鼾声、流涎、流鼻液、粪稀软、常有黏液或血液、后期虚弱、磨牙、呻吟、昏迷和抽搐。最急者 1 天内，多数经 2 ~3 天死亡。

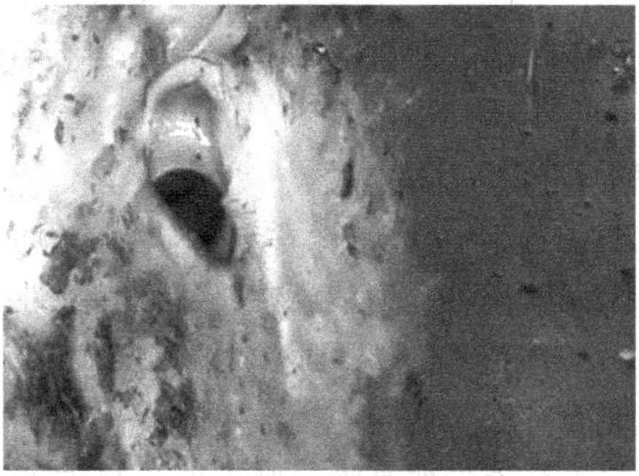

图 4 –4　眼结膜出血

4. 病理变化

胸腹腔和心包积液，腹腔器官的浆膜上常附有黏稠纤维素样物。内脏器官广泛出血，脾大，色黑紫；肝色鲜红，有化脓灶。胆囊胀大，肾质软脆，有大叶性肺炎。

5. 诊断

根据流行特点，症状和病变，可作出初步诊断。确诊需进行细菌学检查。

6. 防治

预防：常发地区进行羊链球菌氢氧化铝甲醛菌苗预防注射。加强饲养管理，发病时，严密隔离病羊，被污染圈栏、场地和用具等，用 1% 漂白粉或 10% 石灰水彻底消毒。尸体化制深埋无害化处理。

治疗：可用青霉素，肌内注射，同时，使用磺胺嘧啶钠，每天2次。

五、山羊传染性胸膜肺炎

1. 流行特点

本病常呈地方性流行，主要通过空气飞沫经呼吸道传染，接触传染性强。阴雨连绵、寒冷潮湿、营养缺乏、羊群密集、拥挤等不良因素易诱发本病。

2. 临床症状

该病潜伏期短者5~6天，长者3~4周，平均为18~20天。根据病程和临床症状，可分为最急性、急性和慢性3种类型。

最急性：病初体温增高，可达41~42℃，极度委靡，食欲废绝，呼吸急促而有痛苦的叫声，数小时后出现肺炎症状，呼吸困难，咳嗽，并流浆液带血鼻液，肺部叩诊呈浊音或实音，听诊肺泡呼吸音减弱、消失或呈捻发音。12~36小时，渗出液充满肺并进入胸腔，病羊卧地不起，四肢直伸，呼吸极度困难，每次呼吸则全身颤动；黏膜高度充血，发绀；目光呆滞，不久窒息死亡。病程一般不超过4~5天，有的仅12~24小时。

急性型：急性型最常见。病初体温升高，继之出现短而湿的咳嗽，伴有浆性鼻涕。4~5天后，咳嗽变干而痛苦，鼻液转为黏液、脓性并呈铁锈色，黏附于鼻孔和上唇，结成干固的棕色痂垢。多在一侧出现胸膜肺炎变化，叩诊有实音区，听诊呈支气管呼吸音和摩擦音，按压胸壁表现敏感，疼痛，这时高热稽留不退，食欲锐减，呼吸困难和痛苦呻吟，眼睑肿胀，流泪或有黏液、脓性眼屎。口半开张，流泡沫状唾液。头颈伸直，腰背拱起，腹肋紧缩，孕羊大批（70%~80%）发生流产。最后病羊倒卧，极度衰弱萎靡，有的发生鼓胀和腹泻，甚至口腔中发生溃烂，唇、乳房等部皮肤出现丘疹，濒死前体温降至常温以下，病期多为 7～15 天，有的可达 1 个月左右。

慢性型：多见于夏季。全身症状轻微，体温 40℃左右。病羊间有咳嗽和腹泻，鼻涕时有时无，身体衰弱，被毛粗乱无光。在此期间如饲养管理不良，与急性病例接触或机体抵抗力由于种种原因而降低时，很容易复发或出现并发症而迅速死亡。

3. 病理变化

该病部检病变可见，主要表现在胸腔，多见一侧肺发生明显的浸润和肝样病变。病肺呈红灰色，切面呈大理石样，肺小叶间质增宽，界线明显。支气管淋巴结、纵隔淋巴结肿大。胸膜变厚，表面粗糙不平，有的与胸壁发生黏连（图 4－5）。有的病例中，肺膜、胸膜和心包三者发生黏连。胸腔积有多量黄色胸水。

图 4－5　山羊传染性胸膜肺炎

4. 诊断

本病的确诊，除根据临床症状、流行特点和剖检病变外，还需进行实验室诊断。本病应与山羊巴氏杆菌病加以区别。

5. 防治

预防：

（1）严禁从疫区购买或引进山羊，引进的羊要隔离观察

1个月。

（2）疫区注射山羊传染性胸膜肺炎氢氧化铝菌苗，预防免疫。

（3）污染过的圈舍、用具可用4%的氢氧化钠溶液消毒。

治疗：

（1）新砜钠明“914”治疗，5月龄以下羔羊0.1～0.15g，5个月龄以上羊0.2～0.25g，用灭菌生理盐水或5%葡萄糖盐水稀释为5%溶液，1次静脉注射，必要时间隔4～7天再注射1次。

（2）磺胺嘧啶钠注射液，皮下注射，按每千克体重0.15ml，每天1次。

（3）病羊初期治疗用盐酸土霉素，按每天每千克体重20～50ml，分2次内服；氯霉素，按每天每千克体重30～50mg，分2次内服。

六、羊快疫

1. 流行特点

腐败梭菌常以芽孢形式分布于低洼草地，耕地及沼泽之中。羊采食被污染的饲料和饮水，芽孢进入羊消化道，多数不发病。在气候骤变，阴雨连绵、秋、冬寒冷季节，引起羊感冒或机体抗病能力下降，腐败梭菌大量繁殖，产生外毒素引起发病死亡。

2. 临床症状

羊突然发病，往往未表现出临床症状即倒地死亡，常常在放牧途中或在牧场上死亡，也有早晨发现死在羊圈舍内。有的病羊离群独居，卧地，不愿意走动，强迫其行走时，则运步无力，运动失调。腹部鼓胀，有疝痛表现。体温有的升高到41.5℃，有的体温正常。发病羊以极度衰竭、昏迷至发病后数分钟或几天内死亡。

3. 诊断

在羊生前诊断本病有困难，根据临床症状只能初步诊断，死后剖检可见真胃出血（图4－6），确诊需进行细菌学检验。

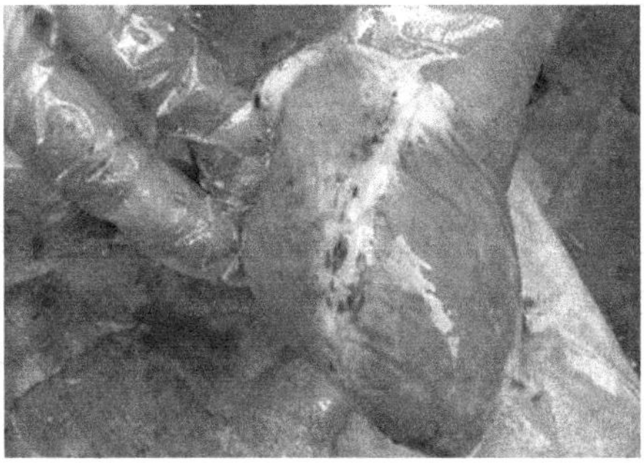

图4－6　羊快疫

4. 防治

预防：在疫区内的羊每年应定期注射羊厌氧菌病三联苗（羊快疫、羊猝狙、羊肠毒血症）或五联（羊快疫、羊肠毒血症、羊猝狙、羊黑疫和羔羊痢疾），灭活疫苗。用量按疫苗使用说明书。加强饲养管理，防止羊受寒冷刺激，严禁吃霜冻饲料。

治疗：大多数病羊来不及治疗即死亡。对那些病程稍长的病羊，可用青霉素肌内注射，每只羊每次160万～320万单位，每天2次，或内服磺胺嘧啶0.1～0.2g/kg体重，每天2次。辅助疗法是：强心、补液解除代谢性酸中毒。可用含糖盐水500～1 000ml，5%碳酸氢钠100～150ml，10%安钠咖10～15ml，混合后静脉注射，或内服20%石灰乳，每次50～100ml，每天1～2次。对可疑病羊全群进行预防性投药，如饮水中加入蒽诺沙星，或环丙沙星。

七、羊猝狙

1. 流行特点

羊淬狙是由C型产气荚膜杆菌引起的，以急性死亡为特征，伴有腹膜炎和溃疡性肠炎，1~2岁绵羊易发。

2. 病理变化

该病病变主要见于消化道和循环系统。第四胃、肠道发炎，小肠溃疡，大肠壁血管怒张、出血。心包、胸腔、腹腔积液，心外膜有出血点，肾变性。剖检病变：十二指肠和空肠黏膜严重充血糜烂，个别区段可见大小不等的溃疡灶；体腔积液，暴露于空气后形成纤维素絮状；浆膜上可见有小出血点（图4－7）。

图4－7 羊猝狙

3. 防治

预防：

（1）加强饲养管理，提高羊只的抗病能力。

（2）定期注射羊快疫、羊猝狙和三羊肠毒血症联苗。

治疗：

（1）对发病羊只肌注或静注抗生素。

（2）对腹泻重的羊，可灌服聚酸蛋白、活性炭、次硝酸铋等，也可配上小苏打粉。

【阅读】

防治牛羊口蹄疫

口蹄疫是牛、羊、猪等偶蹄动物的一种具有高度传染性的急性传染病。口蹄疫病毒主要侵害偶蹄动物，偶见于人和其他动物，该病是急性热性高度接触性传染病。一旦发病，传播速度极快，不易控制和消灭，可以造成大流行，并带来重大经济损失。

冬春季节是牛羊口蹄疫疾病的高发期，这种病的病原对低温抵抗力较强，对高温和直射阳光（即紫外线）抵抗力弱，当外界气温升高，也就是到了夏季该病基本不会发生。

牛羊感染口蹄疫以后，一般要经过2～8天才能发病，最长达14天。在病毒进入血液阶段，病畜体温升高至40℃以上，精神沉郁，食欲减退，继而在口腔黏膜及趾间、乳头的皮肤上，发生豌豆大甚至可达蚕豆大小的水疱，以后水疱相互汇合，形成大小水疱联片的破溃。患畜流出大量的口涎，开口时可以听到吸吮音。患畜在患口腔破溃的同时，趾间、蹄冠皮肤呈现热痛和肿胀，经过1～2天则出现水疱，破溃后形成烂斑。

牛羊口蹄疫预防方法主要为预防注射。对历年发生口蹄疫的地区，每年应对所有的牛、羊做定期的预防注射。牛、羊注射口蹄疫弱毒疫苗14天以后就产生免疫力，免疫期可达4～6个月。如已发生口蹄疫时，应及时采取病料送检定性。迅速上报，并通知友邻单位组织联合防治措施。划定疫区、严格封锁，及早就地扑灭。

牛羊口蹄疫治疗方法主要为隔离治疗。对病畜及疑似病畜，要隔离治疗。并由专人护理，指定地点饲养管理。对未发病的牛、羊要进行预防注射。被病畜污染的场所及用具，要用2%的氢氧化钠溶液或10%的石灰水消毒，其病尸不可食用，皮毛应用2%的氢氧化钠溶液浸泡消毒。病畜的粪便要经发酵后方可使用。病畜放牧过的场所要经过2个月后方可准许健康家畜进入。在最后一头病畜治愈或死亡后，经过14天再无新的病例出现时，经过彻底消毒后，方可解除封锁。

第五章　畜禽寄生虫病

畜禽寄生虫病是指由寄生于畜禽的各种病原性寄生虫及其引发的疾病。由于寄生虫常以一种极为隐蔽的方式对畜禽进行慢性消耗，患病的畜禽多瘦弱或零星死亡，一般不会引起畜禽集中大批死亡，常不会被人发现和引起重视。但是，患寄生虫病的畜禽体质明显降低，抵抗力下降，易被其他病原微生物继发或并发感染，是其他传染病发生的诱因和前提，不但为诊断和治疗增加了难度，也给畜牧生产带来了不应有的损失。为此，了解畜禽寄生虫病的相关知识，显得尤为重要。

一、常见吸虫

（一）姜片吸虫病

姜片吸虫病是影响幼猪生长发育和儿童健康的一种重要人畜共患寄生虫病。在我国主要流行于长江流域以南诸省、自治区、直辖市，如江苏、浙江、福建、安徽、江西、云南、上海、湖北、湖南、广西、广东、云南、贵州、四川等省区及中国台湾省。长江以北的山东、河南、河北、陕西和甘肃等省也有发生。

1. 病原

新鲜虫体为肉红色，固定后变为灰白色，虫体大而肥厚，大小为（20～75）mm×（8～20）mm。虫卵呈淡黄色，卵圆形或椭圆形，卵壳薄，大小为（130～150）μm×（85～97）μm。有卵盖，内含一个卵细胞，呈灰色，卵黄细胞有 30 ~ 50 个，致密而互相重叠。如图 5 – 1 所示，为姜片吸虫的成虫。

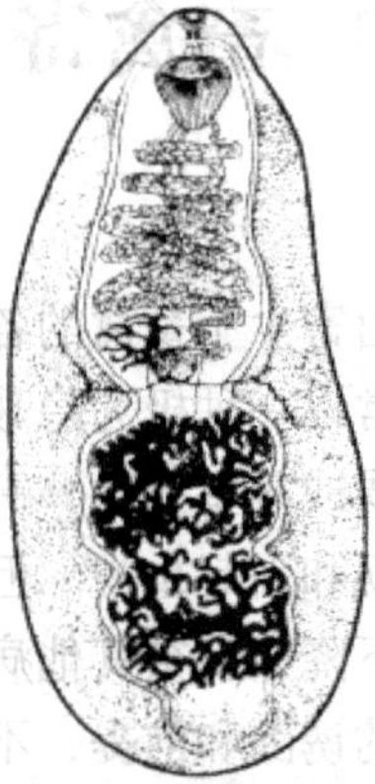

图 5 –1　姜片吸虫的成虫

2. 流行特点

姜片吸虫病主要传染源是病猪和人。凡以猪、人粪便当做主要肥料给水生植物施肥；以水生植物直接给猪生吃；池塘内扁卷螺滋生并有带虫的人和猪之处，本病往往呈地方性流行。在我国南方诸省，大都习惯用生的水生植物养猪；人，尤其儿童又习惯生食菱角和荸荠，因此，本病流行极为普遍。在流行区，猪饮喂生水亦可感染。每年 5—7 月本病开始流行，6—9 月是感染的最高峰，5—10 月是姜片吸虫病的流行季节。猪只一般在秋季发病较多，也有延至冬季的。本病主要危害幼猪，以 5 ~ 8 月龄感染率最高，以后随年龄之增长感染率下降。据资料，纯种猪较本地种和杂种猪的感染率要高。

3. 临床症状

病猪表现贫血，眼结膜苍白，水肿，尤其以眼睑和腹部较为明显。消瘦，精神沉郁，食欲减退，消化不良，腹痛，腹泻，皮毛干燥，无光泽。初期无体温，到后期体温微高，最后虚脱致死。

4. 诊断

在流行区，除根据临床症状表现和流行病学资料分析外，还应对病猪做粪便检查，可用直接涂片法和反复沉淀法，检获虫卵便可确诊。

5. 防治

(1) 预防。根据姜片吸虫病的流行病学特点，采取综合性防治措施。

①定期驱虫：在流行区，每年应在春、秋两季进行定期驱虫。

②加强粪便管理，每天清扫猪舍粪便，堆积发酵，经生物热处理后，方可作肥料。

③消灭中间宿主扁卷螺。或以干燥灭螺，或以灭螺剂杀螺，如用硫酸铜、生石灰等。

④加强猪的饲养管理，勿放猪到池塘自由采食水生植物，改变生食水生植物及饮生水的习惯，水生植物要经过无害化处理后喂猪。

(2) 治疗。目前，常用的治疗姜片吸虫的药物有：敌百虫、硫双二氯酚、硝硫氰胺、硝硫氰醚、吡喹酮。

(二) 肝片吸虫病

肝片吸虫病是牛、羊主要的寄生虫病。是由于肝片吸虫或大片吸虫寄生于牛、羊的肝脏和胆管内引起的。因此，临床上常以消瘦、黄疸，伴发全身中毒和营养障碍等为主要特征，一般呈地方性流行。

1. 病原

肝片吸虫的虫体自胆管取出时呈棕红色或淡红色，经福尔马林固定后变为灰白色。外观虫体扁平，呈叶片状或柳叶状，长

20～35mm，宽5～13mm，虫体大小因寄生的数量多少而有一定的变化，当大量虫体寄生时其形体较小。

大片形吸虫呈长叶状，长达33～76mm，宽5～12mm，肩部不明显。虫体两侧边比较平行，后端钝圆。虫卵深黄色，大小为（50～140）μm×（75～90）μm。

2. 流行特点

由于肝片吸虫的宿主分布范围较广，病畜和带虫者不断地向外界排出大量虫卵，从而污染环境，成为本病的传染源。同时，外界环境温度、水和淡水螺也是本病流行的重要因素。毛蚴在外界环境中，通常只能生存6～36小时，如果在此期间遇不到适宜的中间宿主即逐渐死亡；囊蚴对外界各种因素的抵抗力较强，在4～8℃冰箱内，两个月仍有感染力。在室温26℃时，保存在水中3个月仍能感染动物。虫卵对干燥很敏感，在干燥的粪便即停止发育，在完全干燥下迅速死亡，在湿润的环境中能生存数月。

3. 临床症状

临床表现主要取决于感染虫体的数量、年龄和饲养管理条件等。如轻度感染（1～10条虫体），饲养管理好，即不表现出任何临床症状。如高度感染（100条以上）时，即表现出明显的症状。根据病期可分为急性、慢性两种。急性型比较少见，主要吞食大量囊蚴后（2 000个以上）发病。体温升高，食欲减退，精神沉郁，黄疸，迅速贫血和出现神经症状等，一般3～5日死亡；慢性型较为常见，患牛食欲缺乏，逐渐消瘦，被毛粗乱，精神沉郁，瘤胃蠕动弱，贫血，便秘与下痢交替发生，下颚、胸下、腹下部出现水肿，孕牛流产。后因消瘦、衰竭而死亡。

4. 病理变化

急性型表现为肝大、充血，浆膜上有出血点，肺实质出血。严重感染时，腹膜炎及腹腔内充满大量腹水，甚至血液。慢性则肝实质硬变，呈灰白色；胆管扩张，内充满黄褐色胆汁和虫体；

管壁粗糙，常有大量钙质和其他盐类沉积，呈灰褐色或黑褐色的颗粒状；肺部有钙化的硬结节，内含暗褐色半液状物质和虫体。

5. 诊断

应根据临床症状、流行病学资料、虫卵检查和尸体剖检等几方面进行综合判断。

在临床症状的基础上，通过水洗沉淀法检查虫卵。虫卵为椭圆形、黄褐色，窄端有不明显的卵盖，卵内充满卵黄细胞和一个卵胚细胞。也可采用皮内变态反应、间接血凝试验或酶联免疫吸附试验等免疫学诊断方法。

在急性发病期，感染后不久即出现明显症状，在粪便中又查不到虫卵，这是由于感染的虫体还没有发育为成虫，此时，须结合尸体解剖，在肝及其他器官查出幼虫得以确诊。

6. 防治

（1）预防。定期驱虫是消灭病牛及带虫者传染源的主要方法。驱虫后的粪便必须经生物热处理后才能使用；在放牧地区要经常性灭螺是预防本病的重要措施之一。可结合农田改造、水利建设、草场改良等填平低洼处，使之失去螺滋生条件。同时，可用化学药物如1：500 000硫酸铜、2.5mg研的血防67及20%氨水等灭螺；放牧面积不大时，则可饲养鸭等水禽进行生物灭螺；加强饲养管理，选择在干燥处放牧，饮用自来水、井水或流动的河水，并保持水源清洁，尽量避免到低洼、湿润、有螺存在的地区去放牧。

（2）治疗。临床上可选用下列药物治疗。

①硝氯酚：以每千克体重3～4mg 1次口服；针剂以每千克体重0.5～1.0mg深部肌内注射。适用于慢性病例，对童虫无效。

②丙硫咪唑：以每千克体重20～30mg的剂量1次口服，对成虫和童虫均有疗效。

③三氯苯唑：又称肝蛭净，以每千克体重10～15mg剂量

（乳牛、黄牛）和每千克体重10～12mg剂量（水牛）1次口服，对成虫和童虫均有效。另外，四氯化碳、硫双二氯酚对本病治疗也有一定疗效。

（三）双腔吸虫病

双腔吸虫病又称复腔吸虫病，是由双腔吸虫寄生于胆管和胆囊内所引起的，由于虫体比肝片吸虫小得多，故有些地方称之为小型肝蛭。本病在我国分布很广，特别是在西北及内蒙古各牧区流行比较广泛，感染率和感染强度远较片形吸虫为高，绵羊和山羊都可发生，对养羊业带来的损害很大。人也可被感染。

1. 病原

病原是矛形双腔吸虫和中华双腔吸虫。

（1）矛形双腔吸虫。虫体扁平、透明，呈柳叶状（矛形），肉眼可见到内部器官，长7～10mm，宽1.5～2.5mm。虫体最大宽度在中央部分稍偏后，前端尖狭，后端圆钝。新鲜标本呈棕红色，固定后变为灰色。有口、腹吸盘各2个，睾丸2个。睾丸前后斜向排列，稍分叶或呈不规则圆形。卵黄腺分布于虫体中央部两侧。虫体后半部几乎全被曲折的子宫所充满。子宫内充满虫卵。

虫卵呈椭圆形，暗褐色，卵壳厚，两边不对称，长为38～45μm，宽22～30μm，卵内有发育成的毛蚴。虫卵抵抗力很强，能在50℃经一昼夜不死。18～20℃干燥1周，仍有生命力。-23℃尚不会被杀死，并能耐受-50℃的低温。因此，在高寒牧区本病广为分布。如图5-2所示，为矛形双腔吸虫。

（2）中华双腔吸虫。虫体扁平、透明，腹吸盘前方体部呈头锥样，其后两侧较宽，呈肩样突起；体长3.5～9mm、宽2.03～3.09mm。两个睾丸呈不整圆形，边缘不整齐或稍分叶，并列于腹吸盘之后。睾丸之后为卵巢。虫体后部充满子宫。虫体中部两

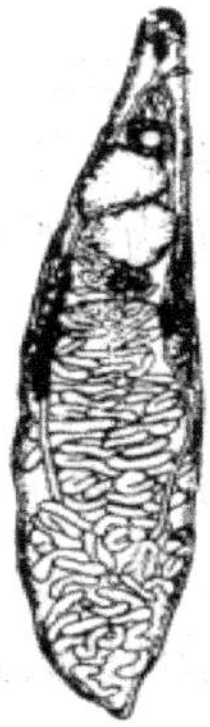

图 5－2　矛形双腔吸虫

侧为卵黄腺。如图 5－3 所示，为矛形双腔吸虫。

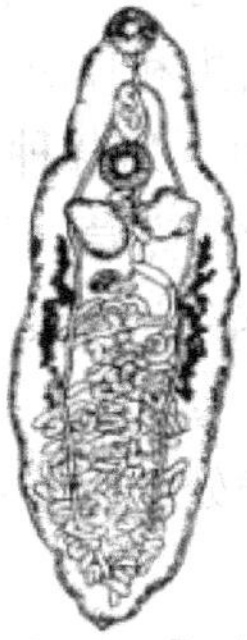

图 5－3　中华双腔吸虫

虫卵与矛形双腔吸虫卵相似。

2. 临床症状

病羊表现因感染强度不同而有差异。轻度感染时，通常无明显症状。严重感染时，黏膜发黄，颌下水肿，消化反常，腹泻与便秘交替，逐渐消瘦，最后因极度衰竭而死亡。

3. 剖检变化

尸体剖检时，可在肝脏内找到虫体。当虫体寄生多时，可引起胆管卡他性炎症和增生性炎症，胆管周围结缔组织增生。眼观大、小胆管变粗变厚，可能成为肝脏发生硬变肿大，肝表面形成瘢痕；胆管扩张。

4. 临床症状

生前主要采用水洗沉淀进行粪便检查的方法发现虫卵。死后剖检可用手将肝脏撕成小块，置入水中搅拌，沉淀，细心倾去上清液，反复数次，直至上清液清朗为止，然后在沉淀物中找出双腔吸虫虫体。

5. 防治

（1）预防。

①以定期驱虫为主，同时，加强饲养管理，以提高羊的抵抗力，并采取轮牧消灭中间宿主和预防性驱虫。

②消灭中间宿主可采用下列各种办法：发动群众拣捉蜗牛，或养鸡消灭蜗牛和蚂蚁；铲除杂草，清除石子，消灭蜗牛及蚂蚁的滋生地；化学药品消灭蜗牛。用氯化钾 20 ~ 25g，能够杀死蜗牛 60% ~90%。

③对粪便进行堆肥发酵处理，以杀灭虫卵。

（2）治疗。

①海涛林：用量按 0.05g/kg 体重计算。配成 1/15 的水溶液，每只羊灌服 20 ~ 40ml。驱虫率可达 100%，而且安全，因而被认为是治疗双腔吸虫病的理想药物。

②六氯对二甲苯：绵羊常用有效量为 250 ~ 300mg/kg 体重，配成 30% 悬浮液，经口投服。

③吡喹酮。65 ~ 80mg/kg 体重，口服。

④噻苯唑：150 ~ 200mg/kg 体重，口服。

⑤盐酸吐根素：用药 0.003g/kg 体重，配成 1% ~2% 的溶

液，皮下或静脉注射。

(四) 前后盘吸虫病

前后盘类吸虫的分布遍及全国各地，在南方的牛只都有不同程度的感染，其感染率和感染强度往往很高。有的虫体数竟达万个以上。

前后盘类吸虫的种类繁多，虫体的大小、颜色、形状及内部构造均因种类不同而有差异。下面以牛前后盘吸虫为代表进行描述。

1. 病原

前后盘吸虫呈圆锥形或纺锤形，乳白色，大小为（8.8~9.6）mm×（4.0~4.4）mm。口吸盘位于虫体前端，腹吸盘位于虫体亚末端，口、腹吸盘大小之比为1∶2。缺咽，肠支较长，经3~4个回旋弯曲，伸达腹吸盘边缘。2个睾丸，呈横椭圆形，前后相接排列，位于虫体中部。子宫在睾丸后缘经数个回旋弯曲后沿睾丸背面上升至前睾前缘，弯曲上升于贮精囊腹面，开口于生殖孔。虫卵呈椭圆形，淡灰色，卵黄细胞不充满整个虫卵，大小为（125~132）μm×（70~80）μm。

2. 流行特点

在我国南方流行较严重，常年可感染，北方感染主要是5—10月。本病多发生于多雨年份的夏、秋季节。一般青壮年牛因食量大，吞入较多的感染性囊蚴，发病严重。

3. 临床症状

幼虫感染引起的主要症状是顽固性拉稀，粪便呈粥样或水样，常有腥臭。体温有时升高，食欲减退，病牛清瘦，颌下水肿，严重时，发展到整个头部以致全身。病程拖长后出现恶病质状态。病牛逐渐消瘦，高度贫血，黏膜苍白，血液稀薄。到后期，病牛极度瘦弱，卧地不起，最后因衰竭而死亡。

成虫所引起的症状轻微，有时也能出现消瘦、贫血和水肿。

4. 诊断

(1) 成虫寄生时，可用水洗沉淀法在粪便中查出虫卵。

(2) 幼虫感染时其诊断主要是结合症状、流行病学资料分析作出判断，再采用驱幼虫药物试治，如果能在粪便中找到大量的童虫而且病情好转，可作出确诊。

(3) 尸体剖检检查病变及大量幼虫和成虫的存在。

(4) 实验室检查病牛后期红细胞数在300万左右，血红蛋白含量降到50%以下，白细胞总数稍增高，嗜酸性粒细胞比例明显增高，占10%～30%。

5. 防治

(1) 预防。本病的预防和肝片吸虫病相似，可参阅肝片吸虫的预防措施。

(2) 治疗。

①硫双二氯酚，每千克体重40～60mg，1次灌服。

②氯硝柳胺，每千克体重60～70mg，1次灌服。

③溴羟替苯胺，每千克体重65mg，制成悬浮液灌服。

(五) 血吸虫病

由于病原及其感染特性的差异，血吸虫病分为2种：东毕吸虫病和日本血吸虫病。东毕吸虫病为绵羊和山羊的共患病。牛、马、骆驼及一些野生动物亦可患病，但不引起人的血吸虫病。其特征是引起畜体瘦弱、贫血、下痢，在幼畜可导致生长发育受阻，甚至可引起“侏儒病”。病多发生于沼泽、水塘有螺蛳孳生的地带，常呈地方流行性形式。可造成大量死亡。

日本血吸虫病和东毕吸虫病不同的是本病可以感染人，是为害严重的人畜共患寄生虫病，主要发生在长江以南10余个省和自治区。

下面以牛血吸虫病为代表进行描述。

1. 病原

日本分体吸虫成虫呈线状，雌雄异体，但在动物体内多呈合抱状态。雄虫灰白色，体长12～20mm，宽0.5～0.55mm，有口、腹吸盘各1个，口吸盘在虫体前端，腹吸盘较大，具有粗而短的柄。表皮光滑，仅吸盘内和抱雌沟边缘有小刺。从腹吸盘向后直到尾部，虫体两边向腹侧卷起，形成“抱雌沟”；雌虫呈深褐色，新鲜虫体可见黑色的肠管呈线状在虫体中间，一般剖检时常见到位于雄虫的抱雌沟内。口、腹吸盘均较雄虫的小。体长15～26mm，宽0.3mm。虫卵呈淡黄色，短椭圆形，卵壳薄而无卵盖，在卵壳的侧上方有一个小刺，卵的内部常可看到一个活的毛蚴。虫卵的大小为长70～100μm，宽50～80μm。

2. 流行特点

病牛及带虫者是本病流行的主要传染源，本病的易感动物很多，除人以外，沟鼠、黄牛、水牛等可自然感染本病。其中，耕牛及沟鼠的感染率为最高，黄牛的感染率和强度一般高于水牛，水牛随年龄增长，有自愈现象。

本病感染途径主要经皮肤感染，也有吞食含尾蚴的草和水；经口感染的，也可经胎盘感染。尾蚴侵入动物体的皮肤后，脱去尾部变为童虫，经小血管和淋巴管随血流经右心、肺、体循环到达肠系膜静脉内寄生。经一段时间发育为成虫。成虫在体内的寿命一般为3～4年。

本病的流行特点是病畜的分布与当地钉螺的分布是一致的，即钉螺阳性率高的地区，则人、畜的感染率也高，凡有病人的地区，就一定有病牛存在。

3. 临床症状

以犊牛症状较重，临床上表现为急性和慢性两种。急性病例病初体温升高至40℃以上，精神沉郁，食欲下降或废绝，瘤胃蠕动弱，呆立于一角或行步时步态不稳，便秘或下痢，乳产量明显下降。随病程延长，贫血、消瘦明显，最后常因衰竭而死亡。慢性病例表现长期精神沉郁，喜卧地。全身棱角突起，膘情极差。食欲时好时坏，不能吃饱。瘤胃蠕动弱，并常反复性鼓气。下痢，有里急后重现象，粪便中含有血液、黏液块，呈恶臭味。叩诊肝的浊音区明显扩大，有腹水。母牛往往不易怀孕，孕牛易发生流产。

4. 病理变化

剖检时，腹腔内有多量积液，肝表面或切面肉眼可见粟粒大到高粱米大的灰白或灰黄色的虫卵结节。感染初期肝大，日久后肝呈萎缩，硬化。严重感染时，肠道的各段均可找到虫卵的沉积，尤其直肠部分病变更为严重。常见小溃疡、瘢痕及肠黏膜肥厚。在肠系膜和大网膜也可发现虫卵结节。此外，心、肾、胰、脾、胃等器官有时也可发现虫卵结节。肠系膜淋巴肿大，门脉血管肥厚，在其内及肠系膜静脉内可找到虫体。

5. 诊断

在流行区，主要根据临床表现、剖检、流行病学调查进行初步诊断，但其确诊必须要依靠病原学检查和血清学试验。病原学检查临床上常用虫卵毛蚴孵化法、沉淀法两者结合进行。近年来，免疫学诊断如环卵沉淀试验、间接血凝试验和酶联免疫吸附试验等已应用于实践，其检出率可达95%以上。

6. 防治

(1) 预防。

①要积极查清人、畜及其他动物的患病情况，并采取同步防治，以彻底根除其传染源。

②牛粪是感染本病的根源，因此，必须把粪便集中起来，进行无害化处理（堆沤、发酵等）后才能应用。

③在日本血吸虫病流行地区，耕牛用水必须选择无螺水源以

避免有尾蚴存在而感染。

④消灭钉螺，主要措施有生物灭螺、药物灭螺和利用兴修水利设施改变螺蛳生存环境灭螺等几种方法。

⑤在血吸虫病流行区，在尾蚴逸出季节，应避免牛接触疫水，选择地势较高的安全放牧区放牧。

（2）治疗。发现病牛，要及时用下列药物治疗。

①硝硫氰胺，以每千克体重60mg口服。

②吡喹酮，以每千克体重30mg，最大剂量为10g，小牛为每千克体重25mg的剂量口服。

③敌百虫，以总量为每千克体重75mg给药，分5日口服，每日为1/5；如粉剂，用冷水配成1%～2%溶液灌服，现用现配。

④新血防片，每千克体重100～200mg，每日口服，连用10日为一疗程，适用于急性期病牛。

⑤血防846油溶液（20%）以每千克体重4mg剂量，每日肌注一次，5日为一疗程。半个月可重复治疗1次。

二、常见绦虫病

（一）猪囊尾蚴病

猪囊尾蚴病又名猪囊虫病，是由寄生在人小肠内的带科带属的有钩绦虫的幼虫猪囊尾蚴寄生于猪体内而引起一种绦虫蚴病。猪囊虫大多寄生于猪的横纹肌内，脑、眼及其他脏器也常有寄生。此外，猪囊虫也可寄生于人体内，引起的人的囊虫病。

1. 病原

有钩绦虫（成虫）呈背腹扁平带状，长2～5m，偶有长达8m的。虫体由头节、颈节和数百个至上千个体节组成（图5－4）。头节位于体前端，呈圆球形，大头针帽大小，似小米粒样，直径约1mm，头节上有4个圆形吸盘和1个顶突，顶突上有2排角质小钩（25~50个）。颈节又名生长节，纤细，长5~10mm。颈节往后为体节，由于体节的发育程度不同又分未成熟节片、成熟节片和孕卵节片。未成熟节片（幼节）宽度大于长度，此节片中的生殖器官未发育成熟。成熟节片（成节）距头节约1m左右，成节的长度与宽度几乎相等而近似正方形，内含发育成熟的雌雄生殖器官各一套。睾丸呈泡状，数目150~200个，遍布于节片的背侧。卵巢除分二叶外，还有一个小的副叶。子宫为一直管。孕卵节片（孕节）长度大于宽度，子宫向两侧形成分枝（7~12个），内充满虫卵可达3万~5万个。

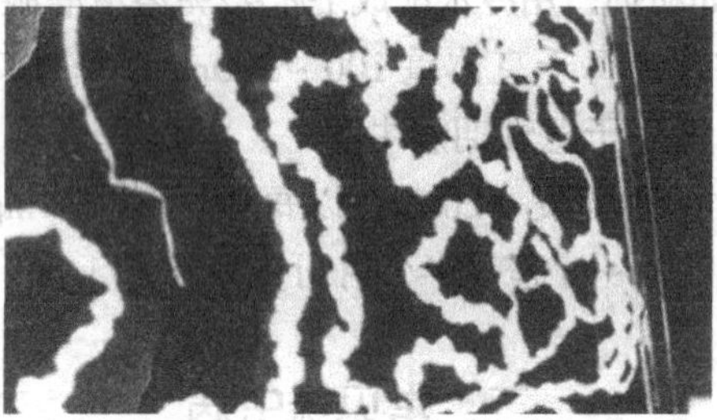

图5-4　猪囊尾蚴病-有钩绦虫节片

虫卵为圆形或略为椭圆形，直径为35~42μm，随粪便排出的虫卵卵壳多已脱落，其外是一层比较厚、具辐射状条纹的胚膜，内有一个圆形的六钩蚴。

幼虫（猪囊尾蚴）发育成熟后呈椭圆形，黄豆大，长6~10mm，宽3~5mm，为半透明的囊泡，囊内充满液体，囊壁是一层薄膜，壁上有一个圆形，小高粱米粒大乳白色小结，其内有一个内翻的头节，其构造与成虫头节相似（图5-5）。

2. 生活史

成虫（有钩绦虫）寄生在人小肠的前半段，孕卵节片陆续

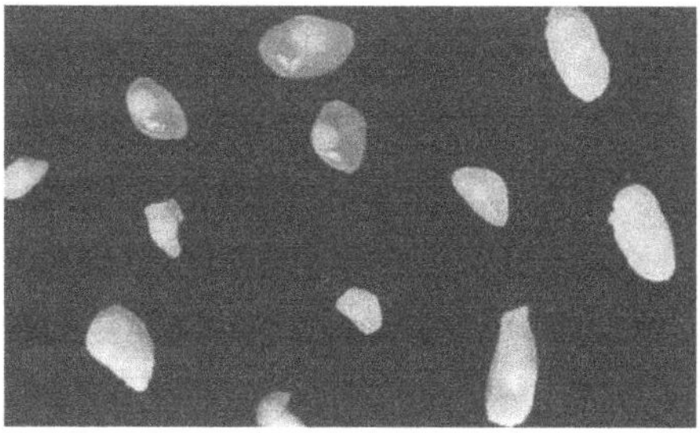

图 5－5　猪囊尾蚴病－猪囊尾蚴

从虫体上脱落下来，随粪便排出体外，有的节片在排出过程中或是到外界后由于机械作用的因素而破裂，虫卵散出。

猪食人含有节片或虫卵的人粪便或是被虫卵或节片污染了的饲料和饮水而感染。在胃肠液的作用下（有人认为主要是六钩蚴本身小钩的作用），经 1～3 天六钩蚴破壳而出，然后借助小钩和六钩蚴分泌物的作用，钻入肠壁小血管或淋巴管，随血流到达猪体各部停留下来，经 2～3 个月发育为具有感染能力的囊尾蚴。

猪囊尾蚴多寄生于猪的肌肉中，以咬肌、膈肌、肋间肌以及颈部、肩部和腹部的肌肉最多见（图 5－6），内脏以心肌最多（图 5－7），在寄生严重时各部都有，脂肪中也有寄生。猪囊尾蚴在猪体内生存数年后钙化而死亡。

人如果食人生的或半生不熟的含有活的囊尾蚴的猪肉后，经胃到小肠，在胃肠液作用下，囊壁被消化，头节用吸盘和小钩附着在肠壁上，经 50 天左右发育为成虫。

在人体内通常只寄生 1 条，偶有寄生 2～4 条者，成虫在人体内可活 25 年之久。

3. 流行特点

由于猪囊虫病的感染来源是有钩绦虫病人，有钩绦虫病的感染来源是猪囊虫病猪，所以，2 种病有着紧密的联系，它们既相

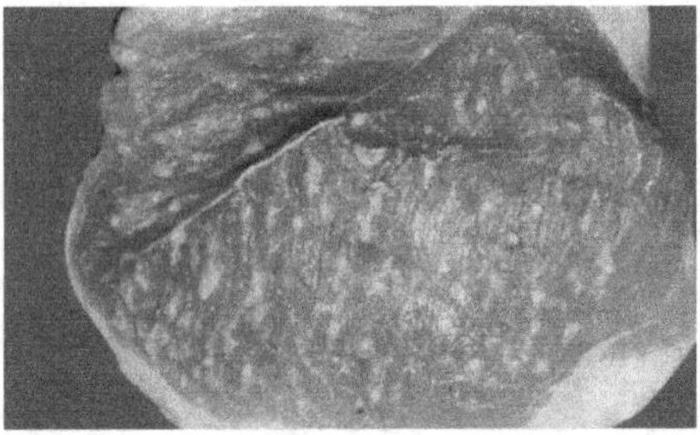

图 5－6　猪囊尾蚴病－寄生于肌肉的猪囊尾蚴

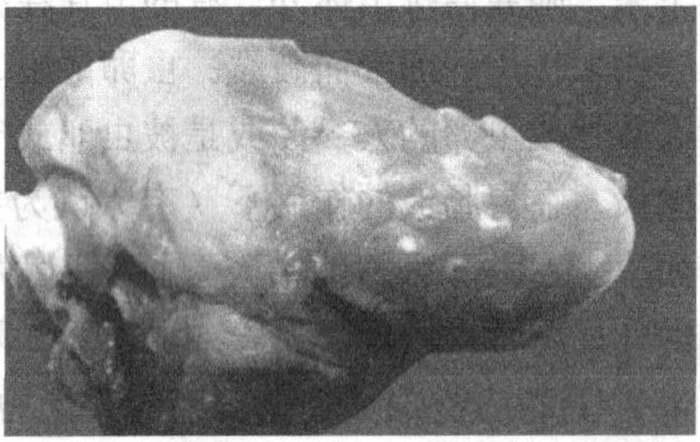

图 5－7　猪囊尾蚴病－寄生于心肌的猪囊尾蚴

互促进，又相互制约。

猪感染猪囊虫病的原因，是由于猪只的散放，对茅圈和人的粪便管理不严、无厕所或随地大便，这样，就容易造成猪吃到有钩绦虫病人粪便中的孕节或虫卵的机会而感染猪囊虫病。

人感染有钩绦虫病的原因，是由于肉品卫生检验制度不健全，不严格，屠宰的猪不检验，或是发现有猪囊虫的猪肉仍要自食或出售；吃了生的或是半生不熟的带有活的囊虫的猪肉而感染有钩绦虫病。人除感染有钩绦虫病外，还能感染囊虫病。人感染囊虫病的原因，是吃了被绦虫卵污染的食物和水，如用人粪水浇菜，人吃了未洗净的沾有虫卵的蔬菜；患有绦虫病的病人，便后不洗手或是没有洗干净，就拿食物吃而食入污染在自己手上的虫卵；或是由于某种原因而引起的呕吐，从而把节片返到胃里，外膜及卵膜被消化放出六钩蚴感染囊虫病。

猪囊虫病和人有钩绦虫病呈全球性分布，而现在则多见于温带和热带地区，如南亚和中南美洲诸国。过去欧洲各国亦甚流行，现在已大为减少。本病在我国分布于绝大多数省份，据各地有关部门统计资料，多见于东北、华北、西北、内蒙古、安徽、广西和云南等省区。长江流域很少发生，东北各省感染率较高，感染率呈由南向北逐渐升高的趋势。但除了有吃生肉习惯的地区及东北省的部分地区外，均系散发。

4. 临床症状

一般感染症状不明显，只有在极严重感染或某个器官受到损害时，才表现明显症状。大多表现营养不良，生长受阻、贫血和水肿。如囊虫寄生在膈肌、肋间肌、心肺及咽喉、口腔部肌肉时，可出现呼吸困难，声音嘶哑和吞咽困难；寄生在眼部时，视力减退，甚至失明；如寄生在大脑时，可表现有癫痫症状，有时会发生急性脑炎而突然死亡。

5. 诊断

当前多采用“一看、二摸、三检”的办法进行综合诊断。

一看：轻度感染时，病猪生前无任何表现，只有在重度感染的情况下，由于肩部和臀部肌肉水肿而增宽，身体前后比例失调，外观似哑铃形。走路时前肢僵硬，步态不稳，行动迟缓，多喜趴卧，声音嘶哑，采食、咀嚼和吞咽缓慢，睡觉时喜打呼噜，生长发育迟缓，个别出现停滞。视力减退或失明的情况下，翻开眼睑，可见到豆粒大小半透明的包囊突起。

二摸：即采用“撸”舌头验“豆”的办法进行检验，看是否有猪囊虫寄生。首先将猪保定好，用开口器或其他工具将口扩开，手持一块布料防滑，将舌头拉出仔细观察，用手指反复触摸舌面、舌下、舌根部有无囊虫结节寄生，当摸到感觉有弹性、软骨状感、无痛感、似黄豆大小的结节存在时，即可确认是囊尾蚴病猪，在舌检的同时可用手触摸股内侧肌或其他部位，如有弹性结节存在，可进一步提高诊断的准确性。

三检：应用血清免疫学方法诊断猪囊尾蚴病。近年来，我国有许多单位对猪囊尾蚴病的血清学免疫诊断方法进行广泛地试验研究。采用的方法有：间接血球凝集法（IHA）、炭凝抗原诊断法、皮肤变态反应、环状沉淀反应、SPA 酶标免疫吸附试验等，均取得一定的成果。但到目前为止应用血清免疫学诊断方法还不能排除与其他囊尾蚴（如棘球蚴和细颈囊尾蚴）感染的交叉反应，仍存在着敏感性低，特异性弱等问题，检出率还不十分理想，因此，还有待于试验研究提高检出率。

6. 防治

(1) 预防。

①建立健全各级驱绦灭囊组织机构，加强组织领导，积极开展驱绦灭囊工作。

②大力宣传 2 种病的关系，使广大人民群众真正认识 2 种病的巨大危害。

③切实开展以驱为主，驱、检、管、治、免的综合防治措施。

驱　搞好普查工作，应用有效驱绦虫药驱除人体有钩绦虫。

检　认真贯彻国家食品卫生检疫法，确实做到杀猪必检，按规定处理病猪肉，人不吃生的或半生不熟的猪肉，严格把住病从口入关。

管　修好厕所，管好人粪便，建好猪舍，实行圈养猪。切实做到人有厕所猪有圈，人便入厕猪圈养。对人粪便要实行科学的高温发酵无害化处理，杀死虫卵，使猪没有机会吃到人粪便，从根本上防止猪囊虫病的发生。

治　应用有效药物，治疗猪的囊虫病。

免　应用猪囊尾蚴虫苗，进行免疫接种，从根本上预防猪囊尾蚴病。目前，我国已经研究出猪囊虫的虫苗，应用于实践已为期不远。

（2）治疗。

①吡喹酮：60～120mg/kg体重，以1∶5（即1份吡喹酮5份植物油）的植物油加工灭菌制成的混悬液，或以1∶9（1份吡喹酮9份有机溶剂）的聚乙二醇－400、二甲基乙酰胺等制成针剂，经灭菌后颈部或臀部一次深部一点或多点注射，注射后舍饲4～5个月即可获得满意疗效。本药也可用于口服，但药量需加倍，效果不如注射疗效好。

用药治疗病猪时，如血检强阳性或舌检寄生囊尾蚴8～10个以上者，体形呈囊尾蚴病明显改变者和发育严重受阻的僵猪不宜治疗，否则，易引起神经症状，导致癫痫甚至引起死亡。

在用药3～4天后可出现体温升高、沉郁、食欲减退、呕吐；重者卧地不起，肌肉震颤，呼吸困难等。主要是由于囊虫的囊液被机体吸收所致。为减轻不良反应，可静脉注射高渗葡萄糖等。

②丙硫咪唑（丙硫苯咪唑）：注射用量和使用方法与吡喹酮相同，优点是成本低，用药后不表现神经症状，安全可靠。该药也可混入饲料喂饲（饲料温度需维持常温），用药量应高于注射用量的1.5倍以上方可收效。用药后应舍饲4～5个月方可痊愈。

（二）棘球蚴病

棘球蚴病是由寄生于狗、猫、狼、狐狸等肉食动物小肠内的带科棘球属的细粒棘球绦虫的幼虫——棘球蚴寄生于猪，也寄生于牛羊和人等肝、肺及其他脏器而引起的一种绦虫蚴病。

本病对人畜危害极大，可严重影响患畜的生长发育，甚至造成死亡。而且寄生有棘球蚴的肝、肺及其他脏器按卫生检疫规定，均被废弃，加以销毁，从而造成很大的经济损失。

1. 病原

细粒棘球绦虫是一种很小的绦虫（图5-8），体长只有2~6mm，由一个头节和3~4个节片组成。头节直径约0.3mm，头节上具4个圆形吸盘和1个顶突，顶突上有两圈排列的小钩，数目为28~50个。吸盘之后，虫体变窄为颈节，长0.17~0.33mm。其后为1个短的未成熟节片。再后是一个成熟节片，此节片内含一套雌雄生殖器官，其中睾丸35~55个，输精管呈螺旋状捻转，雄茎囊呈梨形，卵巢呈蹄铁形。最后一节是孕卵节片，子宫向两侧形成侧枝，12~15个，子宫内充满虫卵，500~800个。虫卵近圆形，直径为30~60μm，外被辐射状胚膜，内含六钩蚴。

图5-8　寄生于狗小肠内的细粒棘球绦虫的幼虫

棘球蚴为一包囊状构造，其形状因其寄生部位不同而有所变化。例如，在肝脏发育时，由于受到若干胆管的阻碍，受阻的囊壁无法延伸，包囊只能向软组织或肝表面发育扩展，结果形成分枝状的囊体。再如，寄生于肠系膜的棘球蚴，一般近似圆形，大小不一，小至豆粒，大至人头。囊内含无色或微黄色的透明液体，比重在1.005~1.015，内含少量蛋白质、脂肪、盐及糖类养分。棘球蚴的囊壁分两层，外为角质层，内为生发层（胚层）。生发层可向囊内直接长出许多原头蚴（即头节），呈白色圆形小颗粒，眼观似砂粒，它和成虫头节的区别是体积小而无顶突腺。

有的原头蚴生成空泡，长大后形成生发囊，生发囊壁也长出原头蚴。棘球蚴的生发层或生发囊有时还能转化为子囊，子囊可在母囊内生长，也可到母囊外进入母囊角质膜与宿主结缔组织之间而生长为独立的囊。子囊同母囊结构一样，囊壁也是由角质层和生发层构成，同样产生原头蚴和生发囊，同时，还可以生成孙囊。所以，一个生育好的棘球蚴所产生的原头蚴可多达200万个。有的棘球蚴在某种动物体内不相适应时，其生发层不能长出原头蚴，此囊称为不育囊，不育囊多见于牛，可达90%，羊8%，猪则是20%。

2. 生活史

细粒棘球绦虫（成虫）寄生于狗、猫、狼、狐狸等肉食动物的小肠内，孕节脱落随粪便排到外界，破裂后虫卵散出，污染食物、饲料、饮水和牧场。中间宿主（猪、牛、羊、人等）食入后，六钩蚴在消化道内孵出，即钻入肠壁血管，随血液循环到肝、肺等器官和组织中发育为棘球蚴。棘球蚴在动物和人体内生存可延续数年至十几年之久。终末宿主（狗、猫、狼、狐狸等）吞食寄生有棘球蚴（不育囊除外）的肝、肺等器官和组织后，经胃到小肠，在胃肠液作用下，囊壁被消化，原头蚴经7周即可发育为成虫。

3. 流行特点

本病流行广泛，呈全球性分布，世界上许多国家，国内很多省、市和地区都有本病的流行，其中绵羊的感染率最高，猪也常有发生。细粒棘球绦虫卵在外界环境中可以长期生存，在0℃时能生存116天之久，高温50℃时1小时死亡，对化学物质也有相当的抵抗力，直射阳光易使之致死。

猪感染棘球蚴病主要是吞食狗和猫粪便中的细粒棘球绦虫卵而感染棘球蚴病。人们有时用寄生有棘球蚴的牛、羊、猪的肝、肺等组织器官的肉喂狗、喂猫或处理不当被狗、猫食入，而感染细粒棘球绦虫病。反过来寄生有细粒棘球绦虫的狗、猫，到处活动而把虫卵散布到各处，特别是在猪的圈舍内养狗和猫，或是饲养人员把狗、猫带到猪舍，从而大大增加了虫卵污染环境、饲料、饮水及牧场的机会，加之有的猪放牧或散放，自然也就增加了猪与虫卵接触和食入虫卵的机会而感染棘球蚴病。

4. 临床症状

该病轻微感染和感染初期不出现临床症状。严重感染，如寄生于肺，可表现慢性呼吸困难和咳嗽。如肝脏感染严重，叩诊时浊音区扩大，触诊病畜浊音区表现疼痛，当肝脏容积增大时，腹右侧膨大，由于肝脏受害，患畜营养失调，表现消瘦，营养不良等。

猪感染棘球蚴病时，不如绵羊和牛敏感，表现体温升高，下痢，明显咳嗽，呼吸困难，甚至死亡。猪在临床上常无明显的症状，有时在肝区及腹部有疼痛表现，患猪有不安痛苦的鸣叫声。

5. 诊断

(1) 可根据临床表现，结合流行病学分析，作出初步诊断。

(2) 免疫学诊断。可采用变态反应进行诊断。取新鲜棘球蚴囊液无菌过滤后，颈部皮内注射0.1~0.2ml，5~10分钟观察如有直径0.5~2cm的肿胀红斑为阳性。此法一般有70%的准确性，也有可能和其他绦虫蚴病发生交叉反应。

(3) 尸体剖检或屠宰时，检查有无棘球蚴寄生。

6. 防治

(1) 预防。

①禁止狗、猫进入猪圈舍和到处活动，管好狗、猫粪便，防止污染牧草、饲料和饮水。

②对狗、猫要定期驱虫，每年至少4次，驱虫药物有以下2种。氢溴槟榔碱：狗1.5~2mg/kg体重，猫2.5~4mg/kg体重，口服；氯硝柳胺（灭绦灵）：狗400~600mg/kg体重，口服。

③屠宰牛、羊、猪，发现肝、肺及其他组织器官有棘球蚴寄生时，要进行销毁处理，严禁喂狗、喂猫。

④猪要圈养，不放牧不散放。

(2) 治疗。目前，尚无有效药物，人患棘球蚴病时可进行手术摘除。

三、常见线虫病

(一) 鸡蛔虫病

鸡蛔虫病遍及全国各地，是一种常见寄生虫病。在地面大群饲养的情况下，常感染严重，影响雏鸡的生长发育，甚至引起大批死亡，造成严重损失。

1. 病原体

鸡蛔虫是寄生于鸡体内最大的一种线虫，呈黄白色，头端有3片唇。雄虫长2.6~7cm，尾端有明显的尾翼和尾乳突，有一个具有厚的角质边缘的圆形或椭圆形的肛前吸盘；交合刺近于等长。雌虫长6.5~11cm，阴门开口于虫体中部。虫卵呈椭圆形，大小为（70~90）μm×（47~51）μm，壳厚而光滑，深灰色，新排出时内含单个胚细胞。

2. 流行特点

虫卵对外界环境因素和常用的消毒药物抵抗力很强，但对干燥和高温（50℃以上）敏感，特别是阳光直射、沸水处理和粪便堆沤等情况下，可使之迅速死亡。在荫蔽潮湿的地方，可生存很长时间。鸡自然感染主要是由于吞食了感染性虫卵，但亦可由于啄食携带感染性虫卵的蚯蚓而感染。3~4月龄以内的雏鸡易遭侵害，病情较重。1岁以上鸡多为带虫者。饲养管理与易感性有很大关系。饲料中含动物蛋白、维生素A和维生素B等丰富、营养价值高时，可使鸡有较强的抵抗力。虫卵在同样的湿度条件下，低温有利于保持其生命力；温度高于39℃，虫卵发育到感染期即行死亡。

3. 临床症状

雏鸡常表现为生长发育不良，精神萎靡，行动迟缓，常呆立不动，翅膀下垂，羽毛松乱，鸡冠苍白，黏膜贫血。消化机能障碍，可能渐趋衰弱而死亡。成年鸡多属轻度感染，不表现症状。

4. 诊断

用粪便检查法发现大量虫卵即可确诊。

5. 防治

（1）预防

①雏鸡与成年鸡应分群饲养，不共用运动场。成年鸡多系带虫者，是感染来源。

②鸡舍和运动场上的粪便应逐日清除，集中进行生物热发酵。饲槽和饮水器应每隔1~2周用沸水消毒。

③在蛔虫病流行的鸡场，每年进行2~3次定期驱虫。雏鸡在2月龄左右进行第一次驱虫，第二次在冬季进行；成年鸡第一次在10—11月，第二次在春季产蛋季节前1个月进行。对患鸡随时进行治疗性驱虫。

④加强饲养管理。

（2）治疗

可用哌嗪化合物、左咪唑、噻苯唑或氟苯咪唑驱虫。

（二）猪食道口线虫病

1. 病原体

齿食道口线虫。乳白色，口孔具外叶冠9叶，内叶冠18叶，口囊浅，头囊膨大，食道漏斗小，后部稍膨大，颈乳突位于食道膨大部两侧。雄虫长8~9mm，交合刺长1~1.3mm。雌虫长8~

11.3mm，尾长350μm。

长尾食道口线虫：暗灰色，口孔也具外叶冠9叶，内叶冠18叶，口囊较前种宽深，囊壁后部向外斜，头囊膨大，较有齿食道口线虫短，食道漏斗大，后部膨大明显，全形似花瓶。颈乳突位于食道膨大部两侧。雄虫长6.5～8.5mm，交合刺长0.87～0.95mm。雌虫长8.2～9.4mm，尾长400～460mm。

2. 流行特点

感染性幼虫在室温22～24℃的湿润状态下，可生存达10个月，在－22～－19℃可生存一个月。故此，在北方有些感染性幼虫，如在圈舍内，向阳处的墙根下，被厚雪覆盖的土壤、粪便及杂草中可以越冬。虫卵在60℃高温下迅速死亡；在40～45℃时，47小时后失去孵化力。干燥容易使虫卵和幼虫致死。

成年猪被寄生的数量多。据某些地区检查，1月龄的猪虫卵检出率为10%，每克粪便中虫卵数为10个左右；7月龄猪的虫卵检出率为30%左右，每克粪便中虫卵数700个左右；13月龄猪的虫卵检出率为50%左右，每克粪便中的虫卵数达2 500个以上。

感染率的高低受季节的影响，幼虫感染率最高为夏季，其次是晚春和秋季，越冬的感染性幼虫到第二年早春冰雪融化后即可感染，圈舍内的感染性幼虫冬天亦能感染。放牧猪在清晨雨后和多雾时易遭感染，潮湿和不勤换垫草的猪舍中，感染也较多。

3. 临床症状

只有在严重感染时，大肠才出现大量结节，发生结节性肠炎。粪便中带有脱落的黏膜，腹泻或下痢，高度消瘦，发育障碍。继发细菌感染时，则发生化脓性结节性大肠炎。严重者可造成死亡。

成为第四期幼虫，之后返回肠腔，蜕第四次皮，成为第五期幼虫。感染后38日（幼猪）或50日（成年猪）发育为成虫。

成虫在大肠内寄生期限为8～10个月。

只有在严重感染时，大肠才出现大量结节，发生结节性肠炎，便中带有脱落的黏膜，腹泻或下痢，高度消瘦，发育障碍。继发细菌感染时，则发生化脓性结节性大肠炎。严重者可造成死亡。

4. 诊断

由于许多疾病临床表现都有类似症状，所以，单从临床表现不能诊断本病，需采用以下方法。

(1) 采用漂浮法检查粪便中有无虫卵。

(2) 注意观察病猪粪便中是否有自然排出的虫体。

(3) 虫卵不易鉴别时，可从直肠采取新鲜粪便在温室内培养幼虫，幼虫长500～532μn，宽26μn，尾部呈圆锥形，尾顶端呈圆形。

幼虫培养法：取被检新鲜粪便若干，加水少量（粪便较干时）做成半球状，置于平皿内（可在平皿底部加草纸或滤纸一张），顶部略高出平皿边沿，使加盖时与皿盖相接触。在25～27℃温箱中，或夏季室温下（注意保持皿内湿度，应使底部的垫纸保持潮湿状态）经7天后多数虫卵即可发育为第三期幼虫，如无温箱其他季节的室温10～20天也可发育为第三期幼虫，幼虫并集中于皿盖上的水滴中，可置于镜下观察。

(4) 尸体剖检，检出成虫及大肠病灶结节而得以确诊。

5. 防治

(1) 预防。

①预防性驱虫，每年春秋对猪各进行1次预防性驱虫。

②搞好猪圈舍和运动场清洁卫生，保持干燥，勤换垫草，及时清理粪便堆积发酵，以杀死虫卵和幼虫。

③保持饲料和饮水的清洁，避免被幼虫污染。

④改善饲养管理。要给予全价营养，放牧时选择干燥牧场，

不在低洼潮湿地上放牧，提倡圈养猪，凡是圈养猪感染机会较少。

（2）治疗。

①硫化二苯胺（吩噻嗪）：0.2～0.3g/kg 体重，混于饲料中喂服，共用 2 次，间隔 2～3 天。猪对此药较敏感，应用时要特别注意安全。

②敌百虫：0.1g/kg 体重，作成水剂混于饲料中喂服。

③0.5%福尔马林溶液灌肠：将患猪后躯抬高，使头下垂，身体对地面垂直，将配好的福尔马林液 2L，注入直肠，然后把后躯放下，注后患猪很快排便。注入越深，效果越好。

④左噻咪唑：10mg/kg 体重，混于饲料一次喂服。

⑤四咪唑：20mg/kg 体重，拌料喂服，或 10～15mg/kg 体重，作成 10%溶液肌内注射。

⑥丙硫苯咪唑：15～20mg/kg 体重，拌料喂服。

⑦噻嘧啶（噻吩嘧啶，抗虫灵）：30～40mg/kg 体重，混饲喂服。本药对光线敏感，混入饲料喂服时，尽可能避免日光久晒。

（三）牛肺线虫病

牛肺线虫病是由网尾科和原圆科的线虫寄生于牛呼吸器官（气管、支气管、细支气管和肺泡）内引起的以呼吸系统症状为特征的一类线虫病。

1. 病原

胎生网尾线虫呈丝状，黄白色。雄虫长 24～59mm，雌虫长 32～80mm。虫卵椭圆形，大小为 85μm×51μm。

2. 流行特点

肺线虫病发生于我国各地，多见于潮湿地区，属地方性流行，对犊牛有一定的为害，并可造成经济损失。

3. 临床症状

病初患牛表现咳嗽，尤其驱赶、夜间休息和早晨出圈时更为明显，常咳出黏液团块，内含虫卵、幼虫间或有成虫。呼吸音增强，听诊有湿啰音，病牛常从鼻孔中流出淡黄色黏液性鼻汁。食欲减少或废绝，消瘦贫血，精神不振，放牧时落群，呼吸困难。严重感染，呼吸急促而有痛苦感。如继发细菌感染，导致肺炎和肺气肿时，病牛表现出呼吸极度困难，不停咳嗽，不安和虚弱，体温升高，迅速消瘦，最后由于极度衰弱，卧地不起，口吐白沫，窒息而死。

尸体消瘦，贫血，支气管中有黏性黏液和脓性混有血丝的分泌物团块，内有成虫、虫卵和幼虫。支气管黏膜浑浊、肿胀，并有小出血点。支气管周围发炎，有不同程度的肺舯胀不全和肺气肿。在虫体寄生部位肺表面稍隆起，呈灰白色，触诊有坚硬感，切开时，常可见有虫体。

4. 诊断

根据临床症状，特别是咳嗽，发病季节和发病率，可怀疑为本病。利用贝尔曼氏法进行幼虫检查，如在粪便、唾液和鼻汁中发现第一期幼虫即可确诊。剖检时在支气管或气管中发现一定数量的虫体和相应的病变，可确定为本病。

5. 防治

（1）预防。加强饲养管理，保持牧场清洁干燥，防止潮湿和积水，可选择久未放过牧的草场培养幼畜，注意饮水卫生，粪便堆积发酵。流行严重的牧场，由放牧改为舍饲前后进行1～2次驱虫。发现病畜或疑似病畜，应立即进行治疗性隔离。

（2）治疗。

①左旋咪唑：口服每千克体重8mg；肌内或皮下注射每千克体重4～5mg。

②丙硫苯咪唑：每千克体重5～10mg，口服。

③伊维菌素：每千克体重200μg，皮下注射。也可内服磺苯咪唑或硫苯咪唑，对牛肺线虫的幼虫和成虫均有高效。

四、常见原虫病

（一）弓形虫病

弓形虫病是一种人畜共患病，宿主种类十分广泛，人和动物的感染率都很高。猪暴发弓形虫病时，可使整个猪场发病，死亡率高达60%以上，其他家畜如牛、羊、马、犬、猪和试验动物等也都能感染弓形虫病。

1. 病原体

弓形虫属真球虫目，弓形虫科，弓形虫属。

2. 临床症状

弓形虫病的急性症状为突然废食，体温升高，呼吸急促，眼内出现浆液性或脓性分泌物，流清鼻涕。病畜精神沉郁，嗜睡，发病后数日出现神经症状，后肢麻痹，病程2~8天，常发生死亡。慢性病例的病程则较长，病畜表现为厌食，逐渐消瘦，贫血。随着病程的发展，病畜可出现后肢麻痹，并导致死亡，但多数病畜可耐过。

3. 诊断

弓形虫病的临床表现、病理变化和流行病学虽有一定的特点，但仍不足以作为确诊的依据，而必须在实验室诊断中查出病原体或特异性抗体，方可作出结论。

急性弓形虫病可将病畜的肺、肝、淋巴结等组织做成涂片，用姬姆萨氏或瑞氏液染色，检查有无滋养体。也可将肺、肝、淋巴结等组织研碎，加入10倍生理盐水，在室温下放置1小时，取其上清液0.5~1ml接种于小鼠腹腔，而后观察小鼠有否症状出现，并检查腹腔液中是否存在虫体。

血清学诊断可采用染料试验（Sabin - Feldman dye test）、间

接血球凝集试验、补体结合反应、中和抗体试验、荧光抗体法及酶联免疫吸附试验等。

4. 防治

(1) 预防。已知弓形虫病是由于摄入猫粪便中的卵囊而遭受感染的，因此，在畜舍内应严禁养猫，并防止猫进入厩舍，严防家畜的草料及饮水接触猫粪。大部分消毒药对卵囊无效，但可用蒸汽和加热等方法杀灭卵囊虫体。应将血清学检查为阴性的家畜作为种畜。英国有人用染料试验进行测定，其结果表明与动物接触的人群的弓形虫血清阳性率很高，因而，推断动物在弓形虫病的流行上起着重要的作用，动物可能是人弓形虫病的贮藏宿主。人们对此应有足够的重视。

(2) 治疗。对于本病的治疗主要是采用磺胺类药物。有人报道磺胺嘧啶、磺胺六甲氧嘧啶、磺胺甲氧吡嗪、甲氧苄胺嘧啶和敌菌净对弓形虫病有效。应注意在发病初期及时用药，如用药较晚，虽可使临床症状消失，但不能抑制虫体进入组织形成包囊，结果使病畜成为带虫者。

(二) 球虫病

球虫病是畜牧生产中重要的和常见的一种原虫病。在自然界中，球虫病的分布极为广泛，在家畜中，马、牛、羊、猪、犬、骆驼、兔、鸡、火鸡、鸭、鹅和鹌鹑都发生球虫病。其中以鸡、兔、牛和猪的球虫病危害最大，尤其是幼龄动物，常有本病流行，引起大批死亡。

1. 病原

球虫对宿主有严格的选择性，不同种的家畜有不同种的球虫，互不交叉感染。不同种的球虫又各有其固定的寄生部位，如鸡的柔嫩艾美耳球虫寄生于盲肠，毒害艾美耳球虫寄生于小肠的中 1/3 段。依球虫的孢子化卵囊中有无孢子囊、孢子囊数目和每个孢子囊内所含子孢子的数目，可将球虫分为不同的属。

(1) 泰泽属。卵囊内含8个子孢子。无孢子囊，主要寄生于鸭和鹅，其中，毁灭泰泽球虫对家鸭有严重致病性。

(2) 温扬属。1个卵囊内含4个孢子囊，每个孢子囊内含4个子孢子。主要寄生于鸭，其中，菲莱氏温扬球虫对家鸭有中等致病性。

(3) 艾美耳属。1个卵囊内含4个孢子囊，每个孢子囊内含2个子孢子。寄生于各种畜禽。

牛以邱氏艾美耳球虫和牛艾美耳球虫为最常见，致病性也最强。绵羊和山羊以阿氏艾美耳球虫和浮氏美耳球虫为最普遍。兔以寄生于胆管上皮细胞内的斯氏艾美耳球虫为最普遍，危害最重。鸡以柔嫩艾美耳球虫和毒害艾美耳球虫致病性最强，常在鸡群中引起爆发型球虫病；致病性比较缓和的是堆型艾美耳球虫和巨型艾美耳球虫。鹅以寄生于肾小管上皮细胞的截形艾美耳球虫最有害。

(4) 等孢属。1个卵囊内含2个孢子囊，每个孢子囊内含4个子孢子。主要寄生于猫和犬。

2. 临床症状

鸡球虫常在肠上皮细胞中大量增殖，破坏肠黏膜，导致下痢，粪中有血，消瘦，贫血，精神委顿，急性者几天死亡，小鸡死亡率很高。剖检可见肠管扩张，增厚，有明显的淡白色斑点，并有出血点。成年鸡多为慢性或隐性，主要排溏便，消瘦。当鸡群中采取了相应的传染病预防措施后，又有小鸡下痢排血便死亡，成鸡便溏消瘦，且不断蔓延时，应首先考虑球虫病。兔患球虫病时常出现水样腹泻，消瘦，贫血，食欲减退或废绝，腹围膨大，末期出现四肢痉挛，麻痹等神经症状，多由于极度衰竭而死，病程10~30天。

3. 防治

以预防为主。常用的抗球虫药有氯苯胍、球痢灵、敌菌净、SM_2、氨丙啉、盐霉素、马杜拉霉素等，容易产生耐药性，应交替使用。

【阅读】

治疗畜禽寄生虫病的土方

在畜禽饲养过程中，畜禽经常会感染各种各样的寄生虫病，严重影响畜禽的生长和健康。防治这些寄生虫病，采用一些土方法加以防治，有较好的效果，而且可以减少污染，降低畜禽体内药残。这些土药的来源也非常广泛，经济实惠，也是降低饲养成本、提高畜禽产品质量的有效途径。

石榴皮：可以驱除畜禽体内的绦虫。用150～200g干石榴皮，加入适量的水，用文火煎成一碗汤，放凉后，在30分钟内分2次给畜禽灌服。

乌梅和花椒：可以驱除猪蛔虫，花椒作药用时，用文火炒黄捣烂。15kg左右重的小猪，用乌梅和花椒各50g，用温水调成稀粥状，先灌服1/2，剩余1/2过15分钟后再行灌服。可以随着猪重量的增加而适当加大剂量。

南瓜子：可以驱除畜禽肠道中的绦虫，也能驱除猪的蛔虫。用新鲜南瓜子，在早上没有喂食之前先行喂服。15～25kg的小猪或狗1次喂100～300g，成年羊喂400～500g。

硫黄：可以杀灭疥癣和虱子，用硫黄粉和棉籽油调成软膏状，或用硫黄和石灰配成合剂，都能有效地治疗疥癣病和虱子。

烟茎：含有毒的尼古丁，能杀死疥癣和虱子。用1.5kg烟茎对15kg水，煮成红色，水温降下后给畜禽刷洗全身，每天2次，连续几天，就能消灭畜禽体外的寄生虫，如猪虱、牛壁虱和疥癣等。

第六章　畜禽普通病

畜禽疾病中，除了传染病、寄生虫病之外，还有常见的内科病、外科病、中毒病、产科病等普通病。普通病对畜牧业生产也会带来一定危害。学习普通病的病因、临床症状、诊断方法和防治措施，在畜禽疾病防治中，尤为重要。

一、畜禽内科病

（一）胃肠炎

胃肠炎是胃肠黏膜表层及深层组织的重剧性炎症。发病家畜临床主要表现消化紊乱，腹痛、腹泻，发热，自体中毒等特征症状。多发于牛、猪、犬等，为家畜临床常见多发病。

1. 病因

饲料、饲草霉败，肉类、鱼类食物腐败，饮水污浊不洁，有毒饲草中毒，砷、汞、铅、铜等金属毒物中毒，有机氟农药中毒，或家畜食入尖锐异物损伤胃肠黏膜等，均可发生胃肠炎。此外，圈舍潮湿、气候频繁变化、长途运输、过度使役、抓捕惊吓等应激因素，家畜饲料中长期添加土霉素、硫酸新霉素、大观霉素等抗生素，或治疗用药超时、超量，也可引起发病。一些传染病、寄生虫病、内脏器官疾病也可继发本病。

2. 临床症状

病畜精神沉郁，食欲减退或废绝，喜饮水，伴发呕吐，牛羊嗳气、反刍减少或停止，鼻镜干燥，排稀粥样或水样腥臭粪便，粪中夹杂黏液、血液或脓汁。肌肉震颤、肚腹蜷缩、不同程度的腹痛。病初肠音高朗、次数增多，随后逐渐减弱甚至消失。病畜脱水，出现眼窝下陷，皮干毛燥。多数病例初期表现体温升高，达40℃以上，心跳次数80～100次/分钟，后期则体温下降至常温以下，心音微弱，全身无力，极度虚弱，甚至昏睡或昏迷。若治疗不及时，病程持续1周以上的，预后不良。

3. 诊断

依据发病史，结合病畜临床出现消化紊乱，腹痛、拉稀，发热，自体中毒等典型症状可以作出临床诊断，若结合实验室血液白细胞总数、粪潜血试验等，可进行确诊。

4. 防治

（1）预防。生产中，应做到尽量不用霉败变质饲料饲喂家畜，饮水要清洁，防止家畜采食有毒饲草及毒物污染的草料，减少各种应激因素的刺激，合理使用抗生素，做好定期驱虫及预防接种工作。

（2）治疗。应以消除炎症、清理胃肠、维护心脏功能、制止脱水，解毒、增强抵抗力为治疗原则。

①抗菌消炎：可用黄连素2～4g或大蒜酊40～60ml内服，也可以用庆大—小诺霉素注射液2～4mg/kg体重、环丙沙星注射液5～10mg/kg体重等肌肉或交巢穴注射。

②清理胃肠：对于粪干或粪便呈粥样腥臭状者，可用植物油500～1 000ml、鱼石脂10～30g、酒精50ml，混合1次内服。也可以用人工盐150～400g、鱼石脂10～30g、酒精50ml，混合一次内服。但若病畜泻粪如水，腹泻不止时，则宜用鞣酸蛋白5～20g、碳酸氢钠8～30g、常水适量，混合内服；大家畜还可用炒面0.5～1kg、浓茶水1 000～2 000ml内服，进行止泻。中小家畜量酌减。

③补液、强心：病畜开始拉稀时，应用5%的葡萄糖氯化钠液或注射用生理盐水大家畜2 000～4 000ml、猪300～500ml，维生素C 10～30ml进行静脉注射或腹腔注射，每天1～2次，以补充体液、防止脱水。肌内注射10%安钠咖或强尔心2～10ml，维护心脏功能。

④中药治疗：宜选用清热解毒、燥湿止泻的中药处方进行治疗。如用三黄加白散（黄芩50g、黄柏50g、黄连50g、白头翁40g、枳壳25g、砂仁25g、泽泻25g、猪苓25g）或郁金散（郁金50g、黄芩20g、黄柏25g、黄连25g、枳壳30g、厚朴25g、朴硝20g、大黄40g、柯子40g、白芍25g）进行加减治疗。配合针灸脾俞、大肠俞、小肠俞、后海等穴，效果更好。

（二）消化不良

消化不良是家畜胃肠黏膜表层发生炎症，进而引发的以消化、吸收功能紊乱为主要病变，厌食或不吃食为主要临床特征的一种疾病，又称为胃肠卡他或食伤。临床多发于猪、犬、猫及牛等，幼年家畜较常见。

1. 病因

家畜饲料温度过冷或过热，时饥、时饱或喂食太多，饲料过于粗硬、霉败，饲料混泥沙太重或混毒物，饮水不干净；初生仔畜体弱，母乳中维生素缺乏或混有各种病理性产物和病原菌，缺乳、少乳引起仔畜舔食污物，或圈舍潮湿、卫生差，气候变化时仔畜缺乏照料等均可造成发病。也可继发于猪传染性胃肠炎、牛恶性卡他热、犬瘟热、球虫病、蛔虫病、霉饲料中毒等疾病过程中。

2. 临床症状

发病畜厌食或不吃食，多数喜欢饮水，精神差，严重病例有腹痛、肚胀和呕吐表现，粪便干燥或稀软，其中，夹杂黏液和未消化的饲料，一般体温无明显变化。以胃和小肠为主的消化不良，还表现出口臭重，舌苔厚，异食，干呕等；以大肠为主的消化不良，则有粪便稀软或呈水样，恶臭，肠音高朗亢进等表现。

幼年家畜发生消化不良，主要表现拉稀。犊牛多排粥样稀粪，呈黄色或暗绿色；羔羊粪便多呈灰绿色，混有气泡或白色小凝块；仔猪粪便稀薄，呈淡黄色，含有黏液和气泡，有时粪便呈灰白或黄白色干酪样。心率、呼吸加快，腹泻不止时，出现皮干毛乱，眼窝凹陷，站立困难，战栗。

幼畜严重的消化不良导致内中毒时，则症状加剧，体温升高。病至后期，病畜体温下降，四肢末梢皮肤厥冷，最后昏迷死亡。

3. 诊断

依据发病史，结合病畜临床表现，可以作出临床诊断。

4. 防治

预防：要加强饲养管理，搞好圈舍卫生，保持通风干燥。防止家畜过饥、过饱，尽量不用或少用霉败饲料、粗硬饲料饲喂家畜。

治疗：宜遵循减轻胃肠负担、调整胃肠功能、防止继发感染和脱水的治疗原则。

（1）减轻胃肠负担。可采用饥饿疗法，病畜禁食或少喂1～2天，提供给盐酸水（食盐5g、33%盐酸1ml、冷开水1 000ml）或红茶水，成年大家畜1 000～2 000ml，幼年家畜50～200ml。

成年家畜有肚胀、粪干时，宜采用人工盐30～150g，或植物油100～200ml、鱼石脂2～15g（或来苏尔2～15ml），加常水适量内服。也可以用苏打粉20～150g、醋30～250ml、温水200～1 500ml，内服。

（2）调整胃肠功能。大家畜可用人工盐50～80g或健胃散50～150g，温水适量内服；病猪可用酵母片或大黄苏打片10～20

片内服；幼年家畜可用胃蛋白酶 10g、稀盐酸 5ml、复合维生素 B 20ml、维生素 C 10ml，常水加至 1 000ml，犊牛 30 ~ 50ml 每次内服，仔猪、羔羊 10 ~ 30ml 每次内服。

（3）防止继发感染及脱水。可肌注卡那霉素 10 ~ 15mg/kg 体重，或用庆大霉素 1 500 ~ 3 000IU/kg 体重，或用痢菌剂 2 ~ 5mg/kg 体重；呋喃唑酮 10 ~ 12mg/kg，或用磺胺咪 0.12g/kg，或用黄连素 0.2 ~ 0.5g 内服，以防止继发感染。对于腹泻严重的病例，应用鞣酸蛋白 5 ~ 20g、碳酸氢钠 8 ~ 30g、常水适量混合内服，以止泻。用 5% 的葡萄糖生理盐水 100 ~ 1 500ml、10% 安钠咖 2 ~ 10ml 进行静脉注射，防治脱水。

（4）中药治疗。可用焦山楂 50g、炒神曲 75g、炒麦芽 50g、枳壳 25g、陈皮 25g、苍术 25g、甘草 15g，煎水后加胃蛋白酶 15 ~ 25g、稀盐酸 15 ~ 25ml，内服。幼畜剂量酌减。

（三）肠便秘

肠便秘是由于肠运动减弱，粪便停滞在肠内，水分被吸收，粪便变干、变硬，最后使肠腔完全阻塞而出现的一种腹痛性疾病，又名结症或肠阻塞。临床以排粪困难，粪便干、小，粪色加深，腹痛为临床特征。多发于猪、犬、马等家畜，其中，猪肠便秘常发生于结肠。是家畜临床较常见的现象之一。

1. 病因

家畜饲料、饲草粗硬，或饲料中混有多量的泥沙；断奶仔猪饲喂米糠，同时缺乏青绿饲料；饲料缺乏水分，出汗过多，夏秋高温季节，缺乏饮水；使役家畜运动不足，母猪妊娠后期或分娩不久，运动量减少等，均可造成发病。也可继发于猪瘟、流感、蛔虫病、绦虫病、异食癖、胃肠积热、胃肠卡他等疾病。

此外，家畜长期大量使用抗生素（如金霉素、大环内酯类抗生素），或使用止泻药物过重及阿托品中毒等，也可造成药源性便秘的发生。

2. 临床症状

病畜不爱吃食，喜饮水，肚子膨大。触压腹部，出现呻吟、疼痛。排粪困难，病初粪干少，呈球状，随后出现频繁的排粪动作，但排出粪便很少，甚至仅排出少量黏液，后期不排粪，肛门脱出。腹部触诊检查，可摸到肠内呈圆柱状或串状结粪。听诊肠音减弱或消失。无继发感染时，体温变化不大。

便秘发生在小肠时，腹痛症状明显，有呕吐现象，马属动物还会发生胃扩张；发生在结肠时，腹痛稍轻，引起肠炎时出现排恶臭粪便，粪便较稀或干稀交替出现；发生在直肠时，腹痛不明显，频作排粪动作，肛门外突。

3. 诊断

依据发病史，结合病畜临床出现排粪困难，粪便干硬，腹痛等典型症状可以作出临床诊断。

4. 防治

预防：关键是要加强家畜饲养管理，要做到合理调配日粮，供给充足清洁的饮水，多喂青绿多汁饲料，给予适量的食盐和适当的运动，防止长期大量使用抗生素，搞好发热性传染病的预防工。

治疗：应以疏通肠管、镇痛减压、补液强心为治疗原则。

（1）疏通肠管。可用硫酸镁（钠）猪 10 ~ 50g、大家畜 300 ~ 500g，大黄末猪 10 ~ 30g，大家畜 50 ~ 100g，加入适量的水内服。若同时用温水、2% 小苏打水或肥皂水，反复深部灌肠，配合腹部按摩，效果会更好。也可配合应用毛果芸香碱牛、马 30 ~ 100mg，猪、羊 5 ~ 30mg 或新斯的明牛、马 4 ~ 20mg，猪、羊 2 ~ 5mg，肌内注射。大家畜还可采用直肠按压或捶结术，迅速疏通结粪。

（2）镇痛减压。对腹痛症状明显的病例，可用安痛定或 30%

的安乃近，猪3～10ml、大家畜10～20ml，肌内注射进行镇痛。对于胃肠胀气的病例，应及时进行穿刺放气，减轻腹压。

（3）补液强心。对于脱水、心脏衰弱的病例，可用5%的复方氯化钠液或葡萄糖生理盐水，猪150～500ml、大家畜1 000～2 000ml，10%安钠咖猪2～10ml，大家畜20～30ml，混合静脉注射。

（4）中药治疗。宜选用具有通肠消积、滑肠破气、清热止痛功能的处方进行治疗，可取芒硝250g、大黄100g、麻仁200g、乳香25g、没药25g、枳实50g、厚朴40g、神曲100g、香附50g、木香25g、木通25g、连翘25g、栀子25g、当归30g，煎水内服。猪等中小家畜量酌减。

（四）前胃弛缓

前胃弛缓是前胃（瘤胃、网胃、瓣胃）神经兴奋性降低，胃肌收缩力减弱引起反刍兽发生的消化功能障碍性疾病，又称做脾虚不磨、瘤胃麻痹，原发性前胃弛缓还称为单纯性消化不良。临床以采食草料减少或不吃，反刍减少，前胃蠕动减弱或停止为特征。本病常见于牛、绵羊，尤以舍饲奶牛多发。

1. 病因

牛羊饲喂精料或适口性好的饲料过多，或长期饲喂糠麸、干稻草、干红薯藤等粗糙、营养缺乏的草料；饲料霉败变质；食入塑料袋、化纤布、牛鼻绳等异物；舍饲牛羊运动不足或使役牛过度使用等，均可导致发病。此外，放牧与舍饲间的突然转换，饲养员的频繁更换或调换圈舍；受寒、中暑、饥饿、断奶、恐惧、手术、创伤及疼痛等，也可诱发本病。还可继发于一些消化器官疾病、营养代谢病、传染病及寄生虫病等。

临床中长期口服大量广谱抗生素或磺胺类药物，可发生医源性前胃弛缓。

2. 临床症状

病畜吃食减少或不吃，反刍次数减少或停止，瘤胃蠕动减弱或停止，肠音减弱，精神差，排粪迟滞，粪便干燥表面被覆黏液，乳牛泌乳减少。发病时间稍长时，出现消瘦、排恶臭粪便。鼻镜干燥，磨牙，慢性肚胀，触压时有疼痛反应，卧地不起。

3. 诊断

依据发病史，结合病畜临床出现反刍减少，前胃蠕动减弱或停止等典型症状可以作出临床诊断，若结合实验室瘤胃液 pH 值、纤毛虫活力等的检验，可进行确诊。

4. 防治

预防：主要应加强饲养管理，合理调配饲料，不喂霉败草料，防止突然更换饲料、饲养员及圈舍，适当运动，合理使役，及时治疗原发病。

治疗：宜以增强前胃蠕动机能，抑制瘤胃内容物发酵与腐败为治疗原则。

（1）清理胃肠。对于肚子胀，有较多积食的病例，应用硫酸钠（硫酸镁）300～500g、鱼石脂 20g、酒精 50ml，温水适量，一次内服。可达到清理胃肠、抑制胃内物发酵与腐败的目的。

（2）增强前胃运动机能。可用 10% 的氯化钠注射液 200～300ml、10% 的安钠咖 10～30ml，混合一次静脉注射；或用“促反刍液”（5% 的葡萄糖生理盐水 500～1 000ml、10% 氯化钠液 100～200ml、5% 的氯化钙注射液 200～300ml、20% 安钠咖 10ml）一次静脉注射，羊用量酌减。也可以用维生素 B_1 20～30ml 一次肌内注射，2 次/天，连用 3 天；或用硫酸新斯的明（牛 10～20mg，羊 2～5mg）一次肌内注射；或用氨甲酰胆碱每千克体重 0.008mg，1 次肌内注射。

（3）对症治疗。对有轻度脱水及自体中毒病例，可用 10%

的葡萄糖液 500 ~ 1 000ml、40% 的乌洛托品注射液 20 ~ 50ml、20% 安钠咖 10 ~ 20ml，混合 1 次静脉注射，羊用量酌减。

（4）中药治疗。可选用具有健脾理气，消食开胃作用的中药处方进行治疗。如党参 50g、黄芪 50g、白术 40g、茯苓 50g、泽泻 50g、青皮 25g、木香 25g、厚朴 25g、苍术 25g、枳壳 50g、神曲 50g、麦芽 50g、山楂 50g，煎水内服，羊量酌减。

（五）瘤胃积食

瘤胃积食是牛羊瘤胃内积滞大量食物，肚子胀大，胃肌收缩减弱或停止的疾病，又称为急性瘤胃扩张、宿草不转。临床以瘤胃胀满，触诊瘤胃有坚硬或捏粉感，瘤胃蠕动停止等为特征。是牛、羊常见多发病之一，尤以舍饲奶牛更为多见。

1. 病因

牛羊贪食大量青草、苜蓿、红薯、萝卜等适口性好的草料；或饥饿后一次性过量吃入干稻草、红薯藤等粗硬饲料；偷食或过食玉米、麸皮、豆饼、酒糟等后，又大量饮水；耕牛吃草后立即使役或使役后立即饲喂等，常引起疾病的发生。圈舍潮湿、卫生较差，受到惊吓、殴打等，可产生应激，逐渐引发瘤胃积食。前胃弛缓、创伤性网胃炎、瓣胃秘结及皱胃阻塞等过程中，也可继发本病。

2. 临床症状

病畜吃食减少或不采食。病初反刍减少，不断嗳气，随后反刍、嗳气停止。出现不安，目光凝视，拱背站立，回视腹部或后肢踢腹，或不断起卧。常有呻吟、流涎，偶尔出现呕吐。肚子胀大，左侧肷窝部变平。触诊瘤胃，内容物坚实或粘硬；听诊瘤胃，蠕动音初期增强，但很快减弱或消失。多数情况下，发生便秘，有时也发生腹泻。疾病后期，可出现呼吸困难，心跳过速，皮肤温度下降，黏膜发绀，衰弱，卧地不起，昏迷。

3. 诊断

根据发病史，结合临床出现瘤胃胀满，触诊瘤胃有坚硬或捏粉感，瘤胃蠕动停止等特征症状可以确诊。

4. 防治

预防：应搞好饲料管理，做到饲养、饲喂有规律，防止家畜过食、偷食，耕牛使役要适当，舍饲牛羊要保持适当运动，尽量减少应激对动物的影响。

治疗：应以排除瘤胃宿食，增强瘤胃蠕动为治疗原则。

(1) 饥饿疗法。轻度发病，可禁食2~3天，同时，内服酵母粉250~500g（或神曲400g），并用稻草脚摩擦按摩瘤胃，每次10分钟，一日5~8次，有明显效果。

(2) 清肠消导。对于较严重的积食病例，可用硫酸钠（硫酸镁）300~500g、植物油500~800ml、鱼石脂20g、酒精50ml，温水适量，一次内服，羊用量酌减；也可用1%的温食盐水进行洗胃，以来达到排除积食，减轻胃肠负担的目的。严重积食时，可采用手术切开瘤胃，取出大量积食。

(3) 增强瘤胃蠕动。可用10%的氯化钠注射液100~300ml、10%的安钠咖10ml，混合1次静脉注射，羊用量酌减；也可以用维生素B_1 20~30ml 1次肌内注射，2次/天，连用3天；或硫酸新斯的明（牛10~20mg，羊2~5mg）1次肌内注射。

(4) 对症治疗。对于有脱水、自体中毒的病例，可用5%的葡萄糖生理盐水注射液1 500~2 000ml、20%的安钠咖注射液10ml，5%维生素C注射液20ml，混合1次静脉注射。若出现酸中毒时，可内服苏打30~50g、常水适量，或静脉注射碳酸氢钠注射液200~300ml。若出现瘤胃胀气，可在左侧肷窝部进行穿刺放气。

(5) 中药治疗。可选用具有和胃消食，破结除满作用的中药处方进行治疗，如山楂60g、建曲80g、槟榔40g、枳壳50g、青皮50g、厚朴40g、木香30g、刘寄奴30g、木通40g、茯苓40g、甘草10g，煎水内服。

（六）瘤胃鼓气

瘤胃鼓气是牛羊采食了大量易发酵产气的草料，或瘤胃收缩力减弱，导致气体在瘤胃和网胃内迅速积聚，进而引起呼吸和血液循环障碍，甚至窒息的一种疾病，又称为瘤胃鼓胀、水谷肚胀等。临床以呼吸极度困难，肚腹急剧膨大，瘤胃紧张而有弹性为特征。多见于夏季放牧的牛及绵羊。临床有泡沫型和非泡沫型瘤胃鼓气两种类型。

1. 病因

牛羊采食了大量豌豆苗、花生苗、苜蓿、三叶草、胡豆苗等含植物蛋白、果胶丰富的青绿植物后，可引发泡沫性瘤胃鼓气；采食大量幼嫩多汁的青草、带露水或雨水的青草、霉败冰冻的草料、豆饼、酒糟或吃入干谷草后大量饮水等，可导致非泡沫性瘤胃鼓气。

本病也可继发于前胃弛缓、创伤性网胃炎、瓣胃阻塞、食道阻塞、食管痉挛等疾病。

2. 临床症状

急性瘤胃鼓气通常在采食后或吃草中突然发病，出现采食停止，举止不安，眼结膜充血，频频起卧、回视腹部，肚子迅速膨大，反刍、嗳气停止，瘤胃蠕动先增强后减弱或消失，左侧肷窝部明显突出，瘤胃紧张而有弹性，叩诊呈现鼓音。中期，出现呼吸困难，张口呼吸，心跳加快，呼吸频率达60次/分钟以上，心率达100次/分钟以上。后期，表现心律不齐、心杂音，心动微弱，静脉怒张，黏膜发绀，步态蹒跚，站立不稳，摔倒、痉挛、抽搐，最终死亡。

慢性瘤胃鼓气表现为中等程度肚胀，时消时胀，反复发作。食欲、反刍减退，渐进性消瘦。

3. 诊断

根据发病史，结合临床出现呼吸极度困难，肚腹急剧膨大，瘤胃紧张而有弹性等特征症状可以确诊。

4. 防治

预防：一是要做好草料更换前的适应工作。放牧情况下，在冬季草场转到春季草场前，转场速度不宜过快，并在春季草场放牧的前几天，于放牧前适当饲喂些干草；舍饲情况下，在饲喂易发酵的青绿饲料时，先饲喂些干草。二是要加强饲养管理，尽量少喂堆积发酵的饲料，少让牛羊采食露水草，管理好家畜以防偷食豌豆苗、花生苗、胡豆苗等豆科农作物。肉牛的饲养应保证日粮中粗料的含量至少在 10% ~15%，避免将磨细的谷物作为牛的饲料。

治疗：应以排气消胀、缓泻止酵、恢复瘤胃蠕动机能为治疗原则。

(1) 排气消胀。轻微病例，可将表面涂抹有菜油的木棒放于病畜口内，并不断用稻草脚按摩瘤胃，促进胃内气体排出。若同时灌喂松节油 20 ~30ml、鱼石脂 10 ~20g、酒精 30 ~50ml、常水适量，效果会更好。严重病例，对于非泡沫性瘤胃鼓气，可用胃导管或导管针直接放气；对于泡沫性瘤胃鼓气则应先注射消胀针（二甲基硅油）牛 2 ~4g、羊 0.5 ~1g，或内服消胀片牛 100 ~150 片，羊 25 ~50 片，或油脚子牛 400 ~500ml、羊 50 ~100ml，或烟叶水牛 500 ~1 000ml、羊 100 ~200ml，再进行放气处理。

(2) 缓泻止泻。可用硫酸镁牛 500 ~800g、羊 40 ~100g，鱼石脂牛 10 ~15g、羊 5 ~8g，常水适量，内服。

(3) 恢复瘤胃蠕动机能。可用 10% 的氯化钠注射液 200 ~300ml、10% 的安钠咖 10ml，混合 1 次静脉注射；也可以用维生素 B_1 20 ~30ml 1 次肌内注射，2 次/天，连用 3 天；或硫酸新斯的明（牛 10 ~20mg，羊 2 ~5mg）1 次肌内注射。

（4）中药治疗。宜选用具有行气消胀、通便止痛的中药处方进行治疗，如丁香30g、广木香15g、青皮18g、槟榔25g、厚朴25g、枳壳30g、生二丑30g、莱菔子25g、神曲30g、麦芽30g、山楂30g、大黄30g，以麻油为引，煎水内服。羊量酌减。配合应用针灸脾俞、百会、山根、顺气等穴位，效果更好。

（七）皱胃变位

皱胃变位是指因各种原因使牛羊皱胃的正常解剖学位置发生改变的现象。通常有左方变位和右方变位2种类型。左方变位是指皱胃通过瘤胃下方移行到左侧腹腔，嵌留在瘤胃与左腹壁之间的现象；而右方变位则为部分皱胃发生向前或向后的扭转现象。临床中以左方变位较常见，多发于分娩6周内的高产奶牛，是奶牛常见的一种皱胃疾病。

1. 病因

皱胃变位的原因还不完全清楚，部分确定的病因是牛羊采食玉米、玉米青贮或补充精料太多造成粗料较少等，使瘤胃内容物快速进入皱胃，并使该胃内挥发性脂肪酸浓度增加，抑制皱胃肌的运动，出现皱胃弛缓，使其游走变位；母牛妊娠后期或牛羊做翻滚、爬跨等动作时，瘤胃与腹底壁出现较大空隙，此时，若皱胃出现弛缓、体积增大等现象，很易造成皱胃游走到左侧，当瘤胃恢复正常位置时，即造成左方变位。

还可继发于酮病、低血钙症、生产瘫痪、牛妊娠毒血症、子宫炎、乳房炎、胎衣滞留及消化不良等疾病。此外，生产中一些体格高大、后躯宽大品种的奶牛较易发生皱胃变位。

2. 临床症状

左方变位：草料采食减少，厌食谷类及青贮饲料，精神沉郁，反刍减少，瘤胃运动减弱，甚至停止，排粪减少，呈糊状，深绿色。左侧肋弓明显突出。于左侧第11肋与肩－膝水平线交界处听诊，可听到皱胃蠕动音。在左侧膨胀部位听诊，并同时在听诊部位周围叩诊，可听到一种类似叩击金属管发出的钢管音。直肠检查，瘤胃背囊右移，左肾中度变位。奶牛产奶量大幅度下降，体重减轻，消瘦。偶尔继发酮病。

右方变位：腹痛，不安，呻吟。瘤胃蠕动停止，粪软色暗，后变血样乃至黑色柏油样粪。右侧肋弓部膨大，于该部听诊，并同时在听诊器周围叩诊，可听到高调的钢管音。直肠检查，在右侧腹部可触摸到鼓胀而紧张的皱胃。食欲减退或废绝，泌乳量急剧下降，心跳 60～120 次/分钟，体温正常或偏低，呼吸数正常或减少。

3. 诊断

根据发病史、临床症状，结合在叩听结合时出现“呯呯”音处进行穿刺流出呈酸性、棕褐色、缺乏纤毛虫的液体，可以进行确诊。

4. 防治

预防：饲养方面，应合理调配日粮，尤其要注意日粮中谷物、青贮饲料和优质干草的比例应适当。要积极防治乳房炎、子宫炎及酮病等奶牛常见疾病。生产中应推广饲养后躯宽大而腹部较紧凑的奶牛品种。

治疗：

（1）滚转疗法。常用于单纯性皱胃左方变位。其方法是牛羊饥饿数日并限制饮水，随后使其右侧横卧 1 分钟，然后换成仰卧 1 分钟，再以背部为轴心，先向左侧滚转 45°，回到正中，再向右侧滚转 45°，再回到正中，如此反复若干次，最后再使牛羊立即站立。此法运用巧妙时，可使发病牛、羊痊愈。

（2）药物疗法。可用口服缓泻剂或静脉注射钙剂、皮下注射新斯的明等，以增强胃肠的运动性，消除皱胃弛缓，达到使皱胃内气液的排空和复位的目的。此法适用于左方变位的病例。

（3）手术疗法。适用于左、右方变位。

左方变位的病牛，可在左侧腹部腰椎横突下方25～35cm，距第13肋6～8cm处，作一垂直切口，导出皱胃内气液，将缝线固定在皱胃大网膜上，然后用手将皱胃整复至右侧，最后将皱胃大网膜缝合到右侧皱胃区的腹壁上，以达到固定皱胃、防止其再变位的目的。

右方变位的病牛，可在右侧腹部第3腰椎横突下方10～15cm处，作垂直切口，导出皱胃内气液，纠正皱胃位置，畅通十二指肠和幽门，最后将皱胃缝合固定在正常位置，防止复发。

本病过程中出现脱水、心功能不全等时，可进行对症治疗。手术后的护理也按常规进行。

（八）感冒

感冒是由于寒冷刺激所引起的以上呼吸道炎症为的一种急性、热性全身性疾病。临床以流清鼻涕，咳嗽、体温升高，畏光流泪，皮温不均为特征。各种畜禽均可发病，多见于幼年畜禽。一年四季均可发生，但以早春、晚秋，气候骤变的季节多发，无传染性。

1. 病因

寒冷季节，家畜圈舍破烂透风，或野外露宿；运动出汗后被雨淋风吹；天气骤变，未及时对家畜及时进行防寒保暖处理等，均可使家畜遭受寒冷袭击，引发疾病。长途运输（尤其是雏鸡），重度使役，营养不良及患有其他疾病等时，可降低机体的抵抗力，也可发生本病。

2. 临床症状

突然发病，精神沉郁，恶寒战栗，头低耳耷，畏光流泪，结膜潮红，耳尖、鼻端发凉，皮温不均，咳嗽，流清鼻涕。严重病例，出现行走不灵，甚至卧地不起。吃食减少或不吃食。体温升高到39.5～40℃，呼吸、脉搏加快。病牛鼻镜干燥，前胃弛缓，反刍停止；病猪多便秘，喜钻草堆，幼年仔猪可继发支气管肺炎。

3. 诊断

依据发病季节及发病史，结合临床出现流清鼻涕，咳嗽、体温升高，畏光流泪，皮温不均等症状可以确诊。

4. 防治

预防：主要应抓好家畜的饲养管理，防止突然遭受寒冷和风雨的侵袭，合理使役，气候骤变季节应做好家畜的防寒保暖工作。

治疗：应以解热、防止继发感染为原则。

（1）解热降温。可用30%的安乃近、复方氨基比林、柴胡注射液，牛20～40ml，猪、羊5～10ml，1次肌内注射。也可以用阿司匹林、氨基比林，牛10～20g，猪、羊2～5g，1次内服。

（2）防止继发感染。可用氨苄青霉素25mg～50mg/kg体重；或用10%磺胺嘧啶钠注射液1ml/kg体重，肌肉或静脉注射2次/kg体重，首次加倍，连用2～3天。

（3）中药治疗。宜选用具有清热解表，散寒通里的中药处方进行治疗，如连翘25g、银花25g、桔梗50g、黄芩50g、荆芥40g、淡竹叶40g、淡豆豉30g、苏叶30g，煎水内服，猪、羊量酌减。也可用苏叶50g、生姜100g、葱头100g，开水冲调，内服；若有不吃现象，可加陈皮25g、香附25g。

（九）肺炎

肺炎是因各种致病因素引起肺组织的炎症。临床以体温升高，呼吸增加，甚至呼吸困难，咳嗽，流鼻液，鼻液黏稠并带各种颜色，肺部听诊有呼吸性杂音为特征。可分为小叶性肺炎、大叶性肺炎、异物性肺炎、真菌性肺炎。各种家畜均可发生，幼龄家畜多发生小叶性肺炎、真菌性肺炎。

1. 病因

一些致病性细菌（如肺炎球菌、绿脓杆菌、沙门氏菌、大肠杆菌、链球菌、葡萄球菌、嗜血杆菌、巴氏杆菌）、病毒（如腺病毒、流感病毒、副流感病毒、疱疹病毒）、真菌（如烟曲霉菌、霉形体）及衣原体等感染，可造成家畜发生肺炎。

家畜受寒，营养物质缺乏，长途运输，过度使役，吸入刺激性气体等，使呼吸道防卫机能降低，可诱发肺炎。动物吸入、误咽入异物，或投药不慎使药液进入呼吸道，可引起异物性肺炎的发生。

2. 临床症状

精神沉郁，吃食减少或不吃食，眼结膜潮红。体温升高到40℃以上，小叶性肺炎呈弛张热型，大叶性肺炎呈稽留热型。心跳加快，呼吸增加，甚至呼吸困难。粪干，怕冷。咳嗽，鼻流黏液或脓性鼻液，大叶性肺炎有时流砖红色鼻液，真菌性肺炎流绿褐色鼻液，异物性肺炎后期流灰褐色鼻液。胸肺部听诊有捻发音和啰音。

3. 诊断

可根据疾病出现咳嗽、发热，呼吸困难，流特征性鼻液，胸肺部听诊有捻发音和啰音等临床症状，结合对发病史的调查，可以作出初步诊断。若配合应用X线检查、血液学检验，可进行确诊。

4. 防治

预防：加强饲养管理，合理调配日粮，供给充足的维生素。加强家畜呼吸器官的耐寒锻炼，提其抵抗能力。严防异物进入家畜呼吸道，搞好防寒保暖和圈舍卫生工作。

治疗：应以消除炎症、祛痰止咳、制止渗出及促进渗出物吸收为治疗原则。

（1）消除炎症。常选用抗生素或磺胺类药物，如氨苄青霉素用25～50mg/kg体重，卡那霉素用5～10mg/kg体重，肌内注射；或用20%磺胺嘧啶钠0.5ml/kg体重，肌内或静脉注射，1次/天。也可用氧氟沙星、土霉素、庆大霉素等。有条件情况下，可取鼻液进行药敏试验，筛选敏感抗生素。

（2）祛痰止咳。频发咳嗽时，可用咳必清、复方甘草合剂、磷酸可待因等进行止咳。痰液较多，出现困难时，可用氯化铵、碳酸氢钠内服，以达到祛痰止咳目的。

（3）制止渗出及促进渗出物吸收。可用10%氯化钙注射液牛100～150ml，猪10～20ml静脉注射，减少炎性渗出。也可选用利尿剂促进渗出物吸收。对于牛还可用10%安钠咖10～20ml、10%水杨酸钠100ml、40%乌洛托品60～100ml，1次静脉注射。

（4）对症治疗。体温过高时，可用氨基比林、安乃近等进行降温；有脱水症状时，应及时补液，纠正体液酸碱平衡；心衰时，应进行强心。

对于真菌性肺炎，上述抗生素基本无效，可选用制霉菌素牛250万～500万单位，猪、羊50万～100万单位，拌料饲喂；也用二性霉素B 0.12～0.25mg/kg体重，混于5%葡萄糖液中静脉注射，隔日1次。

对于异物性肺炎，应先尽量排出气管及肺内异物，然后用大剂量的抗生素（如氨苄青霉素、羟氨苄青霉素、头孢氨苄）或磺胺类药物肌内注射或静脉注射，并进行对症治疗。

（5）中药治疗。对于小叶性肺炎可选用桑白皮30g、地骨皮30g、花粉30g、知母30g、天冬20g、贝母20g、黄芩30g、生地30g、栀子30g、桔梗25g、甘草15g，煎水内服，猪、羊减量。对于大叶性肺炎可选用栀子、黄连、黄芩、桔梗、知母、葶苈子、连翘、玄参、贝母、天冬、麦冬各40g，生石膏200g，杏仁60g，甘草25g，煎水内服，猪、羊减量。

（十）新生仔猪溶血性疾病

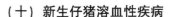

新生仔猪溶血性疾病是初生仔猪吃了初乳后，引起红细胞凝结并溶血，进而发生贫血、死亡的疾病。临床以初生仔猪吸吮初乳后突然发病，全身苍白，结膜黄染，不吃食，站立不稳等为特征。散发于个别窝仔猪，整窝全部发病，病死率可达100%。

1. 病因

该病主要是由于配种时公母猪血型不合，导致母猪与仔猪血型不同，仔猪初生后又吮食了含免疫性抗体的初乳，进而这种免疫性抗体与带有相应抗原的仔猪红细胞发生凝结、溶血，最终引发本病。

2. 临床症状

发病仔猪出现皮肤苍白，眼结膜黄染，不吃奶，站立困难，震颤，怕冷。最急性型，多于吮乳后突然发病，贫血，急性死亡。

剖解后，可见皮下组织黄染，肝肿胀，脾褐色稍肿，肾充血、肿胀，膀胱中蓄积暗红色尿液。

3. 诊断

根据初生仔猪吮吸初乳后出现贫血、黄疸，全窝发病等临床表现及病理变化，可作出初步诊断，若结合实验室检验，可进行确诊。

4. 防治

应以消除原发病，补充造血物质为治则。治疗时，首先应立即停止仔猪吮吸猪乳，用泼尼松注射液0.01～0.02g，1次肌内注射；10%葡萄糖10ml，1次腹腔注射；维生素B_{12} 2～3ml，1次肌内注射，1次/天，连续使用2～3天。治疗期间，发病仔猪可由其他母猪代喂奶或进行人工哺乳，同时，定时挤掉母猪奶，3天后母猪奶即可喂仔猪。

（十一）母猪产后尿闭

母猪产后尿闭是多胎经产母猪产仔后，因膀胱肌收缩力减弱，尿液大量滞留膀胱内而不能随意排出的现象，又称为母猪尿潴留。临床以排尿明显减少或不排尿、后腹部膨满、触诊无痛为特征。多发于经产3胎以上的母猪，尤以产仔数多、胎次高的地方品种母猪为多见。

1. 病因

母猪产仔数多、年龄大、胎次高是本病的常见原因。经产母猪，一方面在胎儿产出后，后腹腔空间突然相对变大，若膀胱充盈则可出现其位置下移；另一方面母猪在生产过程中能量消耗很大，产后可以引起膀胱肌的收缩力暂时减弱，同时，生产过程还使母猪大脑兴奋过度，产后大脑呈一定程度的抑制状态，进而使脊髓和支配膀胱的神经功能减弱，膀胱肌肉的兴奋性降低；若再加上产仔数多、老龄及地方猪的肚子大等因素，则使上述过程加剧，极易发生尿闭。

母猪发生膀胱炎、尿道结石、难产及产后瘫痪，可以导致膀胱弛缓，收缩力减退，尿液滞留膀胱，可引起一时性尿闭。

2. 临床症状

多数病例分娩前后无异常，产后1～2天发病，食欲减退，精神不振，腹部膨大，频频作排尿姿势，不断努责，但不见尿液排出。触诊后腹部有波动感，用力按压有可见有尿液排出。严重病例出现不吃食，泌乳减少，不愿哺乳，踩伤仔猪。若不及时治疗，可发生膀胱破裂、膀胱炎，最终引发尿毒症，出现死亡。

3. 诊断

根据发病史及临床表现无尿排出、腹部膨大、触诊膀胱有波动感等可以作出临床诊断。

4. 防治

预防：一是母猪产前不要喂过多的流汁饲料，产仔后要人工驱赶起立促使排尿或进行膀胱按摩，减少尿闭的发生；二是积极防治母猪尿道疾病、难产及产后瘫痪等疾病。

治疗：应以排出积尿，防止继发感染为治则。

（1）排出积尿。轻度尿闭，可采用膀胱按摩，2～3 次/天，可达目的。较严重的病例，可选用硝酸士的宁 2～4mg，1 次肌内注射，1 次/天；或用新斯的明 3ml、维生素 B_1 20～30ml，肌内注射，2 次/天；或用 50% 的葡萄糖注射液 30～50ml、安钠咖 10ml，混合 1 次静脉注射，1 次/天。也可以用消毒并润滑后导尿管及时进行导尿，2～3 次/天，导尿时尿道涂适量磺胺或抗生素软膏。

（2）防止继发感染。可用氧氟沙星注射液 10～20ml，1 次肌内注射；或用氨苄青霉素 2～3g，1 次肌内注射；也可用 40% 乌洛托品 10～20ml、10% 葡萄糖注射液 100ml，1 次静脉注射。

（3）中药治疗。可选用党参 50g、黄芪 60g、当归 30g、升麻 20g、柴胡 20g，研磨成粉后加蜂蜜 100g，1 次/天，内服，连服 2～3 天。

（十二）公猪尿血

公猪尿血是指公猪排出的尿液混有血液或血块的现象。是生产中种公猪较常见疾病之一。

1. 病因

种公猪配种过早，阴茎发育不全，或配种强度过大，采精时用力过猛等，造成阴茎、龟头擦伤或磨破；公猪爬胯、斗殴、摔倒、受到打击等，损伤肾、膀胱、尿道，均可引起尿血。此外，出血性肾炎、膀胱炎、尿道结石，棉籽饼或菜子饼中毒、酒糟中毒、铜中毒、杆菌肽锌中毒、磺胺类药中毒、庆大霉素及卡那霉素中毒及砒霜、有机汞、磷化锌等毒物中毒，也可引起尿血。

公猪发生前列腺炎、精囊炎、败血症、亚急性细菌性心内膜炎、钩端螺旋体病、过敏性紫癜、充血性心衰、肾动脉硬化等疾病后，还可继发或并发尿血。

2. 临床症状

精神不振或沉郁，吃食、饮水减少，排尿时弓腰努责，尿液鲜红、暗红或呈浓茶水样。有时出现排尿呻吟、排尿不畅，后躯运动不灵，按压腰部敏感疼痛，眼结膜颜色苍白。损伤性尿血若无继发感染，多无体温变化及其他全身性反应，对于由其他原因所致尿血常伴发体温升高、器官患部病理性反应及全身性反应。

3. 诊断

对于损伤性尿血，根据发病史和临床出现尿血症状不难确诊。但对于继发或并发性尿血，因发病因素较多，临床应对病畜进行详细的调查、检查，并结合实验室病原学检验可进行确诊。

4. 防治

预防：一是要加强管理，规范配种或采精制度，严防配种过度或采精所引起的损伤，同时，还要严防公猪其他泌尿器官损伤事件的发生；二是要积极展开对泌尿器官疾病、中毒病等的防治。

治疗：应以止血、消炎，治疗原发病为治则。

(1) 止血、消炎。可用5%的安络血注射液2~4ml，肌内注射，或用止血敏2~4ml，肌内或静脉注射，或用4%维生素K3注射液8~40mg，肌内注射，2~3次/天。用氨苄青霉素20mg/kg体重、庆大霉素5~10ml，分别肌内注射，1次/天；或40%乌洛托品20~30ml，一次静脉注射，以达到消炎、防感染的目的。

(2) 治疗原发病。对于阴茎局部损伤所致者，应及时对局部进行清洁、消毒处理；对于泌尿器官疾病及阴茎邻近器官疾病所致者，宜及时用适当方法治疗这些器官疾病；对由中毒所致者，应分别按中毒病的种类采取特效解毒或保肝解毒等方法进行治疗。

此外，对发病种用公猪还应停止配种，静养，同时，增加营养供应，适当运动，供给充足青绿饲料，以便早日恢复。

(3) 中药治疗。可选用清热凉血，止血利尿的中药处方进行治疗。如蒲公英12g、瞿麦9g、萹蓄9g、滑石12g、银花炭12g、侧柏炭12g、地榆炭15g、白茅根15g、车前子9g，煎水内服。

(十三) 中暑

中暑是指在炎热季节家畜受到强烈日光暴晒或较长时间处于湿度大、气温高的环境而引起的中枢神经系统机能紊乱的疾病。牛中暑又称为发痧。临床以体温超高，心跳、呼吸加快，中枢神经机能障碍为特征。分为日射病、热射病。多发于6—9月，猪、牛等家畜较为常见。

1. 病因

使役、放牧家畜受到强烈阳光的暴晒，日光中的紫外线对家畜脑膜及脑组织发生作用，引起中枢神经系统机能紊乱，可发生日射病。夏季圈舍拥挤、通风不良，或在闷热环境中使役，用密闭而闷热的车、船运输等，可使体热向外散发困难，畜体产生的热蓄积体内，造成机体过热，引起中枢神经机能紊乱，可发生热射病。

炎热季节，家畜发生心衰、呼吸不全，体质肥胖、被毛粗厚，饮水不足、缺盐等也可能诱发本病。

2. 临床症状

日射病呈突然发病，初期出现精神沉郁，四肢无力，步态不稳，倒地后作游泳样。中期，体温升高，静脉怒张，心音微弱，呼吸困难，眼结膜发紫，瞳孔散大，皮干无汗。后期，出现痉挛或抽搐，迅速死亡。

热射病发病急，体温升高达41℃以上，皮温高，皮肤发红。站立不动或倒地张口喘气，鼻流粉红泡沫样鼻液，心跳每分钟可达100次以上，眼结膜潮红。后期，昏迷，呼吸快速，心音微弱。最后，体温降低，死亡。

3. 诊断

根据发病史、临床典型症状，可以作出疾病诊断。

4. 防治

预防：主要是在炎热的夏季要做好防暑降温工作，供给家畜足量清洁饮水，保持圈舍通风，防止潮湿、闷热，适当降低饲养密度。

治疗：应以降温，强心，兴奋呼吸，加强护理为治疗原则。

（1）降温。病畜应立即移至荫凉通风处，用冷水浇身或灌肠，1%的冷盐水内服，酒精或白酒擦拭体表。体质较好者，可先于大静脉放血，再静脉注射等量的生理盐水。

（2）强心、兴奋呼吸。对于心跳快、心音微弱者，可用10%安钠咖10～20ml肌内注射，呼吸快速而浅表者，可注射尼可刹米。用1～2mg/kg体重的地塞米松注射液静脉注射以防止出现肺水肿。对于出现其他症状，可采用对症治疗。

（3）中药治疗。宜选用清热、凉血、安神的中药处方进行治疗。如香薷30g、黄芩25g、黄连25g、花粉40g、栀子25g、连翘25g、薄荷20g、菊花25g、知母25g，煎水内服，猪、羊量酌减。也可用十滴水适量内服。若配合使用血针耳尖、尾尖、舌底、太阳等穴位，效果更好。

（十四）新生仔猪低糖血症

新生仔猪低糖血症是初生仔猪吃乳不足或饥饿，引起血糖浓度显著下降而发生的一种疾病。又称为“乳猪病”“憔悴病”等。临床以虚弱、体温下降，明显神经症状为特征。常发生于出生1周内仔猪，3日龄内仔猪为多见。冬、春等气候寒冷季节多发，病死率可达50%～100%。

1. 病因

母猪饲养不当，母猪产后发生乳房炎、子宫内膜炎、产褥热等引起母猪少乳、无乳或乳汁质量较差；母猪母性差，带仔无经验，或母猪乳头不足等，均会使仔猪饥饿，导致血糖降低而发病。初生仔猪体质虚弱、活力不足，或发生大肠杆菌病、链球菌病、严重舌周围炎，或胃内缺乏乳酸杆菌等，也可引起疾病的发生。环境寒冷，圈舍温度低、湿度大，是本病发生的诱因。

2. 临床症状

病初精神沉郁，四肢无力，不愿吃奶，喜钻垫草而睡，步态不稳。病情很快加重，出现卧地不起，皮肤湿冷，体温降到37℃左右，呼吸加快，心跳约80次/分钟，个别仔猪低声嘶叫，眼结膜苍白或发紫，肌肉震颤。后期，表现痉挛，空嚼，流涎，角弓反张或四肢呈游动状，体温低于36℃，最终陷入昏迷，后死亡。

3. 诊断

根据发病史、发病时间，结合临床出现体温降低、虚弱、神经症状等特征表现和临床补糖治疗疗效确实，可以作出诊断。若结合实验室血糖水平测定，可以确诊。

4. 防治

预防：要加强母猪的饲养管理，以保证母猪产后乳汁充足；分娩后，应做好仔猪定乳头、保育舍的防寒保暖工作；积极防治母猪产后及初生仔猪的各种疾病。

治疗：应以补充糖源，防寒保暖为治则。

（1）补充糖源。可用5%～10%葡萄糖注射液20～40ml，腹腔或皮下分点注射，间隔3～4小时1次，连用2～3天。也可用10%～20%葡萄糖水10～20ml口服，1次/2小时，连用数天。

若在补糖时，同时，配合使用强心、补充维生素，效果更好。

（2）防寒保暖。发病仔猪应采用红外线灯照射、电暖器或暖水瓶等提高病猪窝舍温度，使温度维持在27～32℃，以提高疗效。

（十五）仔猪营养性贫血

仔猪营养性贫血是5～28日龄仔猪因无法从土壤中获得造血元素（主要是铁）而发生的一种贫血病，又称为缺铁性贫血。临床以可视黏膜淡白，贫血、消瘦，血液稀薄为特征。多发于冬末、春初，以圈舍地面硬化、又未采取补铁的饲养场多见。本病发生后，还可引起仔猪下痢、发育不良及抗病力下降等，对生产影响极大。

1. 病因

仔猪生活于水泥、三合土、木板及石板等地面的圈舍内，同时又未及时补充铁，从而使丧失了从外界环境土壤中摄取铁的条件，致使仔猪发生生理性贫血向病理性贫血转化，出现疾病。补饲日粮中钙、锰含量过多，拮抗仔猪对铁的吸收利用；植酸、鞣酸及草酸等与铁结合，阻碍铁的吸收，进而发生本病。日粮中蛋白质、铜、钴、锌、维生素B_{12}、叶酸、烟酸、硫胺素、核黄素等缺乏时，也可引起或促进仔猪营养性贫血的发生。

2. 临床症状

病猪精神沉郁，离群伏卧，吃食减少，生长缓慢或停止。体温不高，多伴腹泻。可视黏膜色淡，轻度黄染或苍白。光照耳壳呈灰白色，几乎见不到明显的血管，针刺也很少出血。呼吸增数，脉搏急速，可听到贫血性心内杂音；轻微运动则心跳增加，喘息不止。有的仔猪外观很肥胖，生长发育也较快，可在奔跑中突然死亡。

血液及剖检变化为血液色淡而稀薄，不易凝固，血红蛋白含量及红细胞数明显下降。肝大，呈淡灰色，脾大，色淡，肺水肿等。

3. 诊断

根据仔猪生活的环境、发病日龄和临床表现（贫血、虚弱、消瘦及血液稀薄）等可以作出初步诊断，若结合实验室血液学检验，则可以作出确诊。

4. 防治

预防：一是要加强仔猪的饲养管理，适时补铁。仔猪出生后，要在舍饲栏内放入较清洁、干净的新鲜泥土（最好为红土或泥炭土），以利于仔猪摄入铁质；也可以在仔猪出生 3 天时深部肌内右旋糖酐铁注射液，2ml/头，及早补铁。二是要对哺乳母猪供应富含铁、铜、钴及各种维生素的饲料，提高母乳抗贫血的能力。

治疗：应以补充外源铁质为治则。

发病猪群可用硫酸亚铁 2. 5g、硫酸铜 1g、氯化钴 0. 2g、常水 1 000ml，混合后按 0. 25ml/kg 体重进行灌服，1 次/天，连用 1 ~ 2 周；若能配合应用维生素 B_{12} 0. 3 ~ 0. 4mg/次、叶酸 5 ~ 10mg，则效果更好。也可以用葡萄糖铁钴注射液或右旋糖酐铁注射液 2ml/头，深部肌内注射 1 次，大多可获得良效。

（十六）奶牛酮病

奶牛酮病是由各种病因造成泌乳奶牛体内缺糖，由此引起体脂分解、大量酮体生成并蓄积而出现的一种营养代谢病，又称为醋酮血病、母牛热、产后消化不良及低糖血性酮病。临床上以消化功能障碍、血酮、尿酮及乳酮含量增高，体重减轻、产奶量下降为特征。主要发生于经产而营养良好的高产乳牛，以 3 ~ 6 胎母牛发病多发。一年四季均可发生，但冬、春发病较多。我国高产乳牛群酮病的发病率约 10%。

1. 病因

母牛产乳量过高，或产后饲料不足（缺乏）、品种单一、饲料霉败或品质低劣，或者精料补充过多，钴、磷等矿物资缺乏，多汁的饲料、青草及谷物等碳水化合物供给不足，乳牛过度肥胖等，均可引发酮病。还可继发于皱胃变位、创伤性网胃炎、子宫炎、乳房炎、母牛难产、肝脏疾病及其他围产期疾病。

2. 临床症状

临床型酮病：常在产后几天至几周内出现，患畜突然不愿吃精料和青贮，喜食垫草或污物，最终不吃食。初期，粪便干硬，表面被覆黏液，后多转为拉稀。明显消瘦。精神沉郁，凝视，步态不稳，伴有轻瘫。有的病牛嗜睡，常处于半昏迷状态，但也有少数病牛狂躁和激动，无目的地吼叫、咬牙、狂躁、兴奋、空口虚嚼、步态蹒跚、眼球震颤。呼出气体、乳汁、尿液有酮味，加热后更明显。产奶量下降，乳脂含量升高，乳汁易形成泡沫，类似初乳状。尿呈浅黄色，易形成泡沫。

亚临床型酮病：病牛无明显上述症状，但呼出气体有酮味，且临床中多见。

3. 诊断

根据饲养条件，发病时间，减食，产奶量低、神经过敏症状和呼吸气体丙酮气味等，可以作出初步诊断。若结合实验室血酮、乳酮及尿酮含量测定，可进行确诊。

4. 防治

预防：

（1）加强饲养管理，保证充足的能量摄入。奶牛产犊前，应保证草料中能量水平为中等，增加碎玉米、大麦片等的使用量，保持日粮中蛋白质水平为16%。饲草中优质青干草用量应达到1/3以上。产犊后，在保证不减少能量、蛋白质供应的前提下，尽量多提供给母牛优质的青干草、草粉，精料的补加应为易于消化的碳水化合物如玉米为主，同时，适当补充维生素、钴及磷等矿物质。尽可能避免突然更换日粮类型，减少 pH 值 <3.8 的青饲料、青贮料的饲喂量。

（2）搞好酮病的监测工作。在酮病高发牛群，尤其是泌乳早期奶量增速过快或产奶量量过高的母牛，应早期检测产奶量变化，进行尿液、乳汁中酮体检测，做到早发现、早治疗，减少生成损失。

（3）对于易感牛可在产犊后每日口服丙二醇 350ml，连续 10 天；或口服丙酸钠 120g，每天 2 次，连服 10 天。可有效预防酮病的发生。同时，还应积极防治奶牛前胃疾病、子宫疾病等。

治疗：应以补糖抗酮、解除酸中毒及调整瘤胃机能为治则。

（1）替代疗法。可用 50% 的葡萄糖 500ml 静脉注射，1～2 次/天，3～5 天为 1 个疗程；也可用果糖溶液（0.5g/kg 体重，配成 50% 的溶液）静脉注射。饲料中拌喂丙二醇或甘油，225g/天、2 次/天，连用 2 天，随后 110g/天，连用 2 天，效果很好；乳酸钠或乳酸钙口服，首日 1kg/天，随后为 0.5kg/天，连用 7 天，或用乳酸氨 200g/天，连用 5 天，也有显著疗效。

（2）激素疗法。体质较好的病牛，可用促肾上腺皮质激素 200～600IU 肌内注射，并配合使用胰岛素，有较好的疗效。

（3）其他疗法。可用水合氯醛，首次 30g/天，随后 7g/天，与适量常水混合后内服，连用 3～5 天；也可用 12% 的氯酸钾水溶液 500ml/天口服。用 0.15% 的半胱氨酸 500ml 静脉注射，1 次/3 天，效果较好。5% 的碳酸氢钠静脉注射，可用于该病的辅助治疗。健胃剂、氯丙嗪等药物可作为对症治疗药物选用。

（十七）猪骨软病

猪骨软病是由于日粮中钙、维生素 D 缺乏，导致骨质疏松、肿胀及纤维化而出现的一种营养性骨病。临床以消化紊乱，异食，跛行，骨质软化、变形为特征。临床主要发生于断奶前后的母猪，仔猪主要因维生素D缺乏所致疾病为佝偻病。

1. 病因

母猪妊娠期间及哺乳期间日粮中钙含量不足，或日粮中钙磷比例不当、磷多钙少（如喂米糠、麦麸、酒糟过多或时间过长），母猪哺乳仔猪时间过长等，都引起本病的发生。

有报道称，猪季节性骨软病是由于维生素D缺乏，影响机体对钙的吸收、利用，从而成为本病的促发因素。

2. 临床症状

常发于妊娠后期和泌乳中后期的母猪，出现四肢疼痛、后躯麻痹、跛行，步样强拘，严重病例出现后肢不能站立，头肿大，骨质疏松，偶发盆骨、股骨或腰椎椎骨骨折，吃食减少，异食，喜食泥土、垫草、污物或啃咬食槽，不同程度的便秘。

3. 诊断

根据本病多发生于成年猪，有日粮缺钙和或维生素D缺乏的病史，结合临床出现消化紊乱、异食、跛行、骨质软化、变形等典型症状可以作出初步诊断，若结合血液学检查、X线检查及饲料分析，可以进行确诊。

4. 防治

预防：应合理调配日粮，提供给妊娠期及哺乳期母猪充足的钙和维生素D，同时应使日粮中钙磷比例保持在（1~2）：1。对于肥育猪，除了供给钙和维生素D外，还应注意糠麸、糟渣类使用不宜过多，时间不宜太长，以免引起猪钙缺乏。

治疗：应以补钙，促进骨盐沉积为治则。

（1）补钙。可用10%葡萄糖酸钙或氯化钙注射液50~100ml，1次静脉注射，1次/天，连用3天；也可以用维丁胶性钙注射液，0.2/kg体重，肌内注射，隔天1次。可在日粮中添加骨粉、乳酸钙、南京石粉、脱氟磷酸钙等，进行口服补钙。

（2）促进骨盐沉积。可用维生素 D_3 200 万单位肌内注射，1 次/周，连用 2～3 次；或用浓缩鱼肝油颗粒，1 粒/次，2 次/天，连服 3 天。也可用维生素 D_3 注射液混于饲料中饲喂，5ml/次，1 次/天，连用 2～3 天。

（十八）牛羊干瘦病

牛、羊干瘦病是由于草料中微量元素钴含量不足或缺乏所引起的一种营养代谢病。临床以厌食、极度消瘦、贫血为特征。仅发生于牛、羊等反刍家畜，一年四季均可发病，尤以早春初夏多见。

1. 病因

该病主要病因为草料缺钴。生长于沙土、灰化土及风沙堆积性草场上的饲草，因这些类型土壤钴含量低（低于 0.1mg/kg），进而引起饲草缺钴；生长于其他类型土壤上饲草，若土壤 pH 值、钙、铁、锰含量过高，则可导致饲草中钴含量不足发生疾病。一般认为，牛羊饲草中钴含量不得低于 0.07mg/kg，否则，易发生本病。

2. 临床症状

吃草减少或不吃草料，消瘦，贫血，泌乳牛羊产奶量下降，便秘，被毛变色，毛脆易断或脱落。后期可出现拉稀、流泪，繁殖功能下降。症状出现后 3～12 个月可出现死亡。发病牛羊肝、血液维生素 B_{12} 含量明显下降（肝：由正常的 0.2～0.3mg/kg 下降到 0.07～0.11mg/kg，血液：由正常的 2.3ng/ml 下降到 0.47ng/ml）。

3. 诊断

依据牛羊出现不明原因的消瘦、贫血，而非反刍动物不受影响，补充钴后效果明显等可以作出临床诊断。若结合实验室血液钴含量、尿液中甲基丙二酸及亚胺甲基谷氨酸含量的测定，可进行确诊。

4. 防治

预防：舍饲牛羊，有条件的情况下可在其精料中按0.1～0.3mg/kg草料添加氯化钴或硫酸钴，若没有条件，可适当增加饲喂豆饼或豆科植物的数量，以预防本病的发生。放牧牛羊，可用草场喷洒钴肥方式，提高牧草钴含量；也可用含钴0.1%的盐砖，让牛、羊自由舔食，以达到预防干瘦病发生的目的。

治疗：应及时补充微量元素钴。可用氯化钴牛0.2～0.5g、羊0.1g，1次内服，连用1周，也可用硫酸钴进行内服补钴；犊牛和羔羊可用维生素 B_{12} 注射液肌内注射，犊牛10mg/次，羔羊3mg/次，1次/周，连用2～3周。

二、畜禽外科病

（一）脓肿

在任何组织或器官内形成外有脓肿膜包裹，内有脓汁潴留的局限性脓腔时都称为脓肿。

1. 病因

（1）皮肤伤口侵入化脓菌。

（2）继发于全身性感染；误用刺激性药物。

2. 临床症状

根据脓肿发生的部位和经过可把脓肿分为急性脓肿、慢性脓肿。急性脓肿：初期红、肿、热、痛、功能障碍，与周围组织无明显界限。1～2天后肿胀部变硬，与周围组织呈现明显的分界，中央逐渐变软，皮肤变薄，破溃流出脓汁，把脓汁排完过后，新生肉芽组织逐渐填平脓腔，皮肤愈合。慢性脓肿：一般发展缓慢，虽有肿胀和波动感，但无温热和疼痛反应。

3. 治疗

脓肿的治疗应根据脓肿发生的时间长短采取不同的方法。

(1) 急性脓肿，早期应尽可能减少渗出，消炎镇痛。可采用冷敷、普鲁卡因青霉素周围封闭等方法，以促进消散。也可用藤黄磨米醋外搽。

(2) 当渗出已停止时，可采用温热疗法配合抗生素疗法。

(3) 当局部炎症已无法消除，出现化脓倾向时，可外敷鱼石脂软膏或采用温热疗法，促进脓肿成熟。

(4) 当脓肿出现明显的波动后，应尽早切开排脓。

(5) 在脓肿出现局限化到脓肿破溃前这段时间中的任何时候，都可采用脓肿摘除法。如果在脓肿尚未化脓前内服中药配合治疗，常能加速脓肿消散，减少化脓机会。

常用的中药方为：金银花50g（或忍冬藤70g）、穿山甲20g、皂刺40g、当归50g、赤芍50g、紫花地丁120g、白芷40g、菊花60g、川芎40g、连翘80g，研末开水冲服，牛马1日1剂，连服2~3剂。

(二) 直肠和肛门脱垂

直肠和肛门脱垂（Rectal and anal prolapse）是指直肠末端的黏膜层脱出肛门（脱肛）或直肠一部分、甚至大部分向外翻转脱出肛门（直肠脱）。严重的病例在发生直肠脱垂的同时并发肠套叠或直肠疝。本病多见于猪和犬，马、牛和其他动物也可发生，均以幼龄动物易发。

1. 病因

直肠脱垂是由多种原因综合的结果，但主要原因是直肠韧带松弛，直肠黏膜下层组织和肛门括约肌松弛和机能不全。而直肠全层肠壁脱垂，则是由于直肠发育不全、萎缩或神经营养不良松弛无力，不能保持直肠正常位置所引起。直肠脱垂的诱因为长时间泻痢、便秘、病后瘦弱、病理性分娩，或用刺激性药物灌肠后引起强烈努责，腹内压增高促使直肠向外突出。此外，马胃蝇蛆直肠肛门停留，牛的阴道脱垂，仔猪维生素缺乏，猪饲料突然改变也是诱发本病的原因。

2. 临床症状

轻者直肠在病畜卧地或排粪后部分脱出，即直肠部分性或黏膜性脱垂。在发生黏膜性脱垂时，直肠黏膜的皱襞往往在一定的时间内不能自行复位，若此现象经常出现，则脱出的黏膜发炎，很快地在黏膜下层形成高度水肿，失去自行复原的能力。临床诊断可在肛门口处见到圆球形，颜色淡红或暗红的肿胀（图6－1）。随着炎症和水肿的发展，则直肠壁全层脱出，即直肠完全脱垂。诊断时可见到由肛门内突出呈圆筒状下垂的肿胀物（图6－2）。由于脱出的肠管被肛门括约肌箝压，而导致血循障碍，水肿更加严重，同时，因受外界的污染，表面污秽不洁，沾有泥土和草屑等，甚至发生黏膜出血、糜烂、坏死和继发损伤。此时，病畜常伴有全身症状，体温升高，食欲减退，精神沉郁，并且频频努责，做排粪姿势。

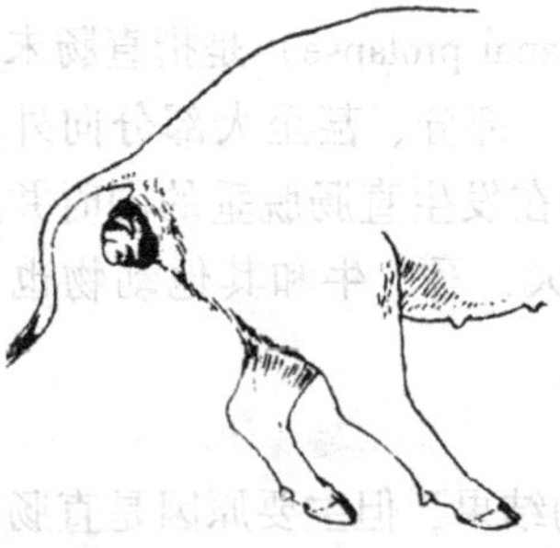

图6－1　直肠黏膜突出

图6－2　直肠壁全肠脱出

3. 诊断

可依据临床症状做出诊断。但应注意判断是否并发套叠和直肠疝。单纯性直肠脱垂，圆筒状肿胀脱出向下弯曲下垂，手指不能沿脱出的直肠和肛门之间向盆腔的方向插入，而伴有肠套叠的脱出时，脱出的肠管由于后肠系膜的牵引，而使脱出的圆筒状肿胀向上弯曲，坚硬而厚，手指可沿直肠和肛门之间向骨盆方向插入，不遇障碍。

4. 防治

病初及时治疗便秘、下痢、阴道脱等。并注意饲予青草和软干草，充分饮水。对脱出的直肠，则根据具体情况，参照下述方法及早进行治疗。

（1）整复。整复是治疗直肠脱的首要任务，其目的是使脱出的肠管恢复到原位，适用于发病初期或黏膜性脱垂的病例。整复应尽可能在直肠壁及肠周围蜂窝组织未发生水肿以前施行。方法是先用0.25%温热的高锰酸钾溶液或1%明矾溶液清洗患部，除去污物或坏死黏膜，然后用手指谨慎地将脱出的肠管还纳原位。为了保证顺利地整复，在猪和犬等可将两后肢提起，马、牛可使躯体后部稍高。为了减轻疼痛和挣扎，最好给病畜施行荐尾硬膜外腔麻醉或直肠后神经传导麻醉。在肠管还纳复原后，可在肛门处给予温敷以防再脱。

（2）剪黏膜法。剪黏膜法是我国民间传统治疗家畜直肠脱的方法，适用于脱出时间较长，水肿严重，黏膜干裂或坏死的病例。其操作方法是按“洗、剪、擦、送、温敷”5个步骤进行。先用温水洗净患部，继以温防风汤（防风、荆芥、薄荷、苦参、黄柏各12g，花椒3g，加水适量煎沸两次，去渣，候温待用）冲洗患部。之后用剪刀剪除或用手指剥除干裂坏死的黏膜，再用消毒纱布兜住肠管，撒上适量明矾粉末揉擦，挤出水肿液，用温生理盐水冲洗后，涂1%～2%的碘石蜡油润滑，然后从肠腔口开始，谨慎地将脱出的肠管向内翻入肛门内。在送入肠管时，术者应将手臂（猪、犬用手指）随之伸入肛门内，使直肠完全复位。最后在肛门外进行温敷。

(3) 固定法。在整复后仍继续脱出的病例，则需考虑将肛门周围予以缝合，缩小肛门孔，防止再脱出。方法是距肛门孔1～3cm处，做一肛门周围的荷包缝合，收紧缝线，保留1～2指大小的排粪口（牛2～3指），打成活结，以便根据具体情况调整肛门口的松紧度，经7～10天病畜不再努责时，则将缝线拆除。

(4) 直肠周围注射酒精或明矾液。本法是在整复的基础上进行的，其目的是利用药物使直肠周围结缔组织增生，借以固定直肠。临床上常用70%酒精溶液或10%明矾溶液注入直肠周围结缔组织中。方法是在距肛门孔2～3cm处，肛门上方和左、右两侧直肠旁组织内分点注射70%酒精3～5ml（猪和犬）或10%明矾溶液5～10ml，另加2%盐酸普鲁卡因溶液3～5ml。注射的针头沿直肠侧直前方刺入3～10cm。为了使进针方向与直肠平行，避免针头远离直肠或刺破直肠，在进针时，应将食指插入直肠内引导进针方向，操作时，应边进针边用食指触知针尖位置并随时纠正方向。

三、畜禽中毒病

（一）有机磷中毒

有机磷中毒是家畜接触或食入有机磷农药所致的一种中毒病。临床以流涎、流鼻液、便血、拉稀及呼吸困难、麻痹为特征。各种家畜均可发病，多发生于春、夏季节，是家畜最常见的中毒病之一。

1. 病因

甲拌磷、甲磷胺等有机农药污染了运输饲料的车、船，或贮放于饲料库房污染了家畜用具，或者稀释、喷洒农药时，操作不慎污染了家畜饮用水源、田间杂草、牧草等，均可引起家畜发病。家畜偷食了拌有有机磷农药的种子或含有农药的农作物、蔬菜等，也可引起中毒病的发生。敌百虫驱除家畜体内外寄生虫时剂量过大，或用于灭蚊、灭鼠等时污染食槽、用具，进而造成中毒。因邻居口角、嫉妒、仇恨等，发生人为投毒事件，毒害、毒死家畜。

2. 临床症状

牛、羊：表现口吐白沫，兴奋不安，流涎，流鼻液，反刍停止，便血，拉稀。肌肉及眼球震颤，眼结膜发紫，瞳孔缩小，呻吟。呼吸困难，心跳加快，皮温降低，出冷汗，可因呼吸麻痹、窒息而死亡。病羊还可出现狂暴、跳跃。

猪：急性中毒主要表现呕吐，不安，肌肉发抖，眼球震颤，流涎，步态不稳，站立困难，卧地。呼吸迫促，拉稀、瞳孔缩小。慢性中毒，无拉稀、瞳孔缩小症状，病情较轻，病程5～7天。

3. 诊断

根据中毒病畜出现流涎、流泪、呕吐，眼球震颤，呼吸困难等典型症状，结合有误食、偷食有机磷农药的发病史，可以作出初步诊断。若结合实验室血清胆碱酯酶活性及毒物分析，可以进行确诊。

4. 防治

预防：一是要加强农药的使用、保管等管理，做到妥善保管、规范使用，防止污染饲料、饮水及周围环境；二是要看护好家畜，严防偷食、误食有机磷农药；三是畜牧生产中要正确使用有机磷驱虫、杀虫制剂。四是要加强邻里沟通，搞好邻里关系，严防人为投毒事件的发生。

治疗：应以消除病因，特效解毒，对症治疗为治则。

(1) 消除病因。立即停用含有机磷农药的饲料、饮水，对于敌百虫外用的中毒病例，可用常水充分洗净体表用药部位。

(2) 特效解毒。用阿托品牛10~50mg，猪、羊5~10mg，1次肌内注射，2~3次/天，连用1~2天，直到症状缓解、消失为止。同时，用解磷定20~50mg/kg体重，溶于5%的葡萄糖注射液中，静脉或皮下注射，给药次数与阿托品相同。也可用氯磷定、双复磷及长托宁（盐酸戊乙奎醚）等特效解毒药进行急救治疗。农村在无特效解毒药的情况下，可用绿豆、甘草各30~50g，煎水灌服，也有明显作用；也可用滑石20g、甘草20g、绿豆200g，研末内服。

(3) 对症治疗。出现鼻流白沫、呼吸困难者，可及时输入适量10%~25%的葡萄糖注射液；对于拉稀、体温升高者，可用氨苄青霉素、庆大霉素抗炎，安乃近降温。

（二）亚硝酸盐中毒

亚硝酸盐中毒是家畜过量食入含有硝酸盐或亚硝酸盐的饲料和饮水所引起的一种急性中毒病，猪亚硝酸盐中毒又称为“饱潲症”“急死病”。临床以眼结膜发紫，呼吸迫促，角弓反张，流涎，血液暗褐色，凝固不良为特征。可发于各种家畜，以猪为多见。

1. 病因

白菜、萝卜叶、菠菜及一些野菜、青草，或农业生产中施用氮肥、除锈剂、植物生长刺激剂后的作物嫩叶、杂草等，在长久堆放、文火焖煮等时转化为亚硝酸盐，家畜过量采食后即可发生中毒。

牛、羊采食过量燕麦草、嫩玉米苗、小麦苗等富含硝酸盐的饲草，或饮用硝酸盐污染的水、误食硝酸盐类化肥等，经瘤胃内微生物作用还原成亚硝酸盐，最后引起发病。

2. 临床症状

猪于采食后15分钟即可发病。最急性型仅出现不安，站立不稳，立即倒地死亡。急性型，出现严重呼吸困难，全身发紫，四肢末梢皮温厥冷，肌肉战栗，呕吐，流涎，后期四肢无力，不断滑动，放出血液呈酱油色。轻度中毒，症状较轻，呕吐后可自愈。牛、羊采食后30分钟可发病，症状与猪症状相似，但无最急性型病例，还可出现瘤胃鼓气现象。

3. 诊断

根据发病史，结合饲料状况和血液缺氧特征，可以作出临床诊断。若再结合血液血红蛋白检查、饲料亚硝酸盐检验，可以进行确诊。

4. 防治

预防：青绿饲料提倡生饲，随采随喂，杜绝焖煮、堆放过久；不用发酵、腐败青饲料饲喂家畜；牛、羊在采食富含硝酸盐的饲料时，可内服四环素30～40mg/kg或金霉素20mg/kg体重，可减少本病的发生。

治疗：应以消除病因，特效解毒及对症处理为治则。

（1）消除病因。应立即停喂含硝酸盐或亚硝酸盐的饲料和饮水，并及时用吐酒石或硫酸铜进行催吐。

（2）特效解毒。用1%的美蓝注射液，牛、羊8mg/kg，猪1～2mg/kg体重，1次静脉注射；或用5%甲苯胺蓝液5mg/kg体重进行静脉或肌内注射；也可以用大剂量的维生素C注射液，猪0.5～1g，牛3～5g，1次静脉注射。同时，在病畜耳尖、尾尖进行放血。

（3）对症治疗。病畜出现心衰，可用10%的安钠咖强心；出现呼吸困难可用尼可刹米兴奋呼吸；急救时可用肾上腺素。

(三) 食盐中毒

食盐中毒是家畜过量食入食盐或含盐饲料，同时，又饮水不足所引起的一种中毒病。食盐中毒的实质是钠盐中毒，因此，又称为“钠盐中毒”。临床以口渴喜饮，腹痛、腹泻，神经症状为特征。各种家畜均可发生，以猪为多见。

1. 病因

家畜长期饲喂食盐含量过高的配合料，或饭馆泔水、食品店咸盐水、卤水等，可发生食盐中毒病。放牧牛、羊或舍饲猪长期不补盐，呈现盐饥饿，若突然补充食盐，再加上补饲不均，饮水缺乏等，也比较容易造成本病。此外，用食盐水灌肠法治疗家畜其他疾病时，若1次使用量过大或多次重复使用，也可成为疾病发生的原因。

2. 临床症状

急性中毒，病牛表现出拒食，喜饮，呕吐，腹痛、拉稀，粪混黏液或血液，视力下降，麻痹，很快出现倒地，多于24小时内死亡；病猪主要出现衰弱，虚脱，肌肉震颤、痉挛，最后昏迷，2天内死亡。

慢性中毒，病猪出现吃食减少，喜饮水，皮肤瘙痒，流涎。运动时，不停地转圈，步态不稳，碰撞物体，呼唤不应。多数病例呈间歇性癫痫样神经症状，颈肌抽搐，不断咀嚼，呈犬坐，张口呼吸，皮肤黏膜发绀，1天内反复发作数次，癫痫发作时常体温升高，但间歇期体温正常。疾病后期，出现麻痹，卧地、昏迷，最后死亡。牛、羊慢性中毒，主要出现吃食减少，消瘦，体温下降，脱水，偶尔腹泻，多死于机体衰竭。

3. 诊断

根据病畜有采食食盐或长期食入含盐量过高的饲料，并有饮水缺乏的病史，结合临床出现听觉、视力下降，间歇性癫痫样神经症状发作，可以作出初步诊断。若再结合实验室对病畜血液钠、氯含量的测定及饲料中食盐含量的检验，可以得出确诊。

4. 防治

预防：畜牧生产中进行日粮配合时，应控制食盐的用量，最高不得高于0.5%。放牧牛羊应通过盐砖、精料补充食盐，防止家畜出现盐饥饿。用泔水等下脚料饲喂猪时，要限制用量，并作适当稀释。任何饲养情况下，均应供给家畜充足的饮水，以防本病的发生。用食盐溶液进行灌肠治疗疾病时，应注意溶液浓度最高不得高于5%，次数不宜过多。

治疗：本病尚无特效解毒剂，可采用利尿排钠，恢复体内一价、二价阳离子平衡，对症治疗等方法进行处理。

（1）排出体内钠盐。病畜应立即停止饲喂含盐量高的饲料。疾病早期，可提供足量饮水，或灌服吐酒石猪0.2～0.3g，排出胃内食盐。并用双氢克尿塞，0.5mg/kg体重内服，以排除体液中过多的钠离子。

（2）恢复一价、二价阳离子平衡。可用5%葡萄糖酸钙注射液牛200～500ml，猪50～100ml，静脉注射。也可用10%氯化钙液静脉注射。猪还可用5%的氯化钙明胶液，按0.2ml/kg体重，皮下分点注射。

（3）对症治疗。疾病中后期，出现脑水肿、神经症状时，可用25%的山梨醇或甘露醇静脉注射；或用25%～50%的葡萄糖液进行静脉或腹腔注射。有癫痫症状时，可用5%溴化钾或25%硫酸镁注射液静注。心衰时，可用安钠咖强心。同时，应注意用淀粉黏浆剂内服，以保护胃肠黏膜。

（四）霉败饲料中毒

霉败饲料中毒是家畜采食了发霉变质的饲草、饲料后发生的一种中毒性疾病。各种家畜均可发生，尤以猪最常见，其次是牛。

1. 病因

玉米、豆粕、糠麸、鱼粉等饲料原料因水分过重、环境湿度大、储存不当等，可引起霉败变质；配合料、颗粒料等因加工致水分过重、储存放置不当或过久等也可致霉败变质。霉败饲料中曲霉菌产生的黄曲霉毒素、镰刀菌产生的T－2毒素和F－2毒素，可造成猪发生中毒。

霉烂甘薯产生的甘薯宁为“致肺水肿因子”，主要引起牛肺部损害而发生疾病。霉烂稻草中镰刀菌产生的丁烯酸内酯、单端孢霉烯族化合物等，可致牛四肢末端血管发生痉挛性收缩，造成血液循环障碍最终发生疾病。

2. 临床症状

猪黄曲霉毒素中毒，2～4个月龄仔猪常在采食霉败饲料后1～2周内发病，主要表现出不吃食，喜饮水，异食，体温正常，行走时后肢无力，粪干燥，夹黏液或血液，眼结膜苍白，后期黄染，间歇性抽搐，严重者卧地不起，死亡。成年猪主要出现吃食减少或停止，消瘦，眼结膜黄染，皮肤有紫色斑块，后期有兴奋不安，痉挛或角弓反张等异常表现。

猪T－2毒素中毒，主要表现不吃食，呕吐，站立不稳，口鼻发炎，流口水，拉稀，粪中夹血。慢性发病则主要出现生长缓慢，长期吃不饱，消瘦，形成僵猪。

猪F－2毒素中毒，母猪主要出现阴道炎，外阴部、乳房肿大，乳头潮红，哺乳母猪还表现乳汁减少或无乳，发情紊乱，早产、流产或死胎。公猪睾丸萎缩、性欲减退。

牛烂甘薯中毒，主要出现草料采食减少，反刍减少，呼吸困难，呼吸数可达80次/分钟以上。呼吸费力，出现“拉风箱”音，咳嗽。后期肩胛、背部皮下气肿，张口呼吸，眼结膜发紫，眼球突出，瞳孔散大，流鼻血，最后死亡。

牛霉烂稻草中毒，表现为蹄腿肿胀，溃烂，严重时蹄匣脱落，行走跛行，耳尖及尾尖坏死，吃食减少，多卧地不起，体表形成褥疮，可因衰竭而死亡。水牛症状比黄牛、奶牛明显、严重。

3. 诊断

根据发病史，结合病畜临床表现，可以作出临床诊断。若结合实验室对各种毒素的检验，则可进行确诊。

4. 防治

预防：一是要做好饲料的防霉工作，包括对玉米、大豆、谷物等原料要及时收采、翻晒风干，严格控制其中的水分在适宜范围；饲料及原料应储存于干燥、低温、通风的环境中，并注意随时检查，以防霉变；也可在其中添加防霉剂如克霉灵、霉敌101等来预防霉变。二是要加强饲养管理，防止家畜采食已经严重发霉变质的饲料，对于个别霉败较轻的饲料，可在其中按规定添加脱霉剂如硅铝酸盐、活性炭等以减轻毒素的吸收，预防发病。

治疗：霉败饲料中毒无特效疗法，临床可遵循消除病因、排出毒素、保肝解毒、对症治疗等进行治疗。

（1）消除病因，排出毒素。病畜应立即停喂发霉变质的草料，换喂优质的饲料，并提供较多的青绿青饲料，保证充足饮水的供应。可用硫酸钠或硫酸镁牛300～1 000g、猪30～50g，加水内服，以排除胃肠内饲料及毒素，减少中毒程度。也可用大剂量的人工盐内服。“万能解毒剂”（活性炭10g、轻质氧化镁5g、高岭石5g、鞣酸5g）灌服，能有效吸附胃肠毒素，减轻毒素的毒害作用。

（2）保肝解毒。可用10%的葡萄糖注射液，牛500～1 000ml、猪50～500ml，维生素C牛20～40ml、猪5～10ml，ATP牛100～200mg、猪50～100mg，混合1次静脉注射，1次/天，连用2～3天或至病情明显好转。同时，还可肌内注射维生素B_1、维生素B_2注射液，提高保肝解毒功效。内服葡醛内酯也有上述功效。

（3）对症治疗。对于有心衰者，可用安钠咖强心；有出血者，可用维生素K止血；为防止继发感染，可用青霉素、链霉素等肌注或静注；有酸碱平衡失衡者，可用碳酸氢钠注射液等纠正体液酸碱度。牛烂甘薯中毒，还应用1%的过氧化氢500～1 000ml，1次灌服；或用5%硫代硫酸钠100ml、维生素C 2g，混合1次静脉注射。牛霉烂稻草中毒，还应注意对肿胀的四肢进行抗炎、消肿及适当的外科处理，也可用中药处方辣子杆1 000g、茄子杆1 000g、大葱1 000g、花椒30g，煎水对蹄腿肿胀部热敷，2次/天。

（五）异食癖

异食癖是指因各种原因导致家畜味觉错乱出现舔食、啃咬异物的现象，它是一种复杂的多种疾病的综合征。可发生于各种家畜，以冬季、早春舍饲家畜为多见。

1. 病因

家畜舍饲时饲养密度大，高温潮湿，通风不良，环境嘈杂，圈舍空气污浊、饮水不足、惊吓等可引起异食癖的发生。硫、钠、铜、钴、锰、钙、铁、磷、镁的缺乏，蛋白质、氨基酸缺乏，维生素缺乏（尤其是维生素B族缺乏）等，也可诱发本病。

一些体内外寄生虫（蛔虫、细颈囊尾蚴、疥螨）、消化器官疾病（消化不良、肠炎）、传染性疾病（慢性型猪瘟、传染性胃肠炎、蓝耳病、圆环病毒病）及中毒病（食盐中毒、霉败饲料中毒），可对机体产生应激作用，最终引发异食癖。

2. 临床症状

病畜吃食减少或不吃食，喜啃咬、吞食垫草或破布，牛还喜吞食鼻绳，舔食墙壁、食槽，啃吃墙土、砖瓦块、煤渣等。病畜一般敏感、易惊或反应迟钝，毛乱皮燥，有便秘或拉稀现象出现。贫血，逐渐消瘦。母猪吃胎衣，仔猪咬尾嚼耳，架子猪相互斗殴、啃咬。

本病多呈慢性经过，可达数月或数年。牛、羊异食癖可继发食道梗阻、顽固性的前胃弛缓等消化器官疾病，最终可引发死亡。猪异食癖可出现机体衰竭、死亡。

3. 诊断

单纯性异食癖，根据其临床症状不难确诊。但异食癖是家畜许多疾病的共有症状之一，若要进行异食癖的病原学诊断，则需要结合病史、实验室检验的结果。

4. 防治

（1）加强饲养管理，改善饲料配比，给予全价日粮。多喂青贮料或青草，补充维生素饲料，如麦芽、酵母等。

（2）对于矿物质营养缺乏者，应及时补充钙、磷、钴、铁、铜、锰等；对于蛋白质缺乏者，应补充蛋白质。

（3）改善饲养条件，保持圈舍舒适。要做到饲养密度适当（牛床间距应1.1m以上，成年牛运动场不得低于$20m^2$/头；中猪应占$0.6m^2$/头，成年猪应占$0.8m^2$/头），圈舍设计合理，冬暖夏凉，环境安静，通风良好，光照适度，饮水清洁，草料优质。

（4）要积极做好家畜常见传染病、寄生虫的防治工作，防止继发性异食癖的发生。新生仔猪还应及时补铁，以避免贫血后继发异食癖出现。

（5）猪单纯性异食癖，可用碳酸氢钠、食盐、人工盐，每头每天10～20g内服；也可用血粉100g、苍术90g、牡蛎60g、骨粉60g、槟榔50g、苏打40g、食盐40g，研磨成粉，20g/次，2次/天拌料饲喂。奶牛可用神曲60g、麦芽45g、山楂45g、厚朴30g、枳壳30g、陈皮30g、青皮20g、苍术30g、甘草15g，研磨成粉内服。

四、家畜产科病

（一）流产

由于胎儿或母体的生理过程扰乱，或母体与胎儿之间的正常关系受到破坏而使妊娠中断称为流产。

1. 病因

（1）胎膜及胎盘异常及胚胎发育停滞。

（2）母畜生殖激素反常或生殖道疾病。

（3）维生素矿物质及糖、脂肪、蛋白质供应不平衡。

（4）损伤及管理、利用不当及医疗错误。

（5）继发于传染病、寄生虫病过程中。

2. 临床症状

流产的症状归纳起来可分为4种，即隐性流产、排出不足月的活胎儿、排出死亡但未经变化的胎儿和延期流产等。除隐性流产不表现症状外，其余的在排出胎儿前常表现阵缩和努责，阴门肿胀，流黏液，起卧不安等症状。

3. 治疗

当出现流产症状，子宫颈尚未开张，胎儿尚存活时，注射黄体酮，马、牛50～100mg，猪、羊10～30mg；如同时注射氯丙嗪等镇静剂效果更佳。对子宫颈已开张，胎囊已进产道或已破水者，流产已成定局，保胎无望，应及早排出胎儿。对于延期流产，胎儿发生干尸化或胎儿浸溶时，先注射前列腺素制剂和雌激素溶解黄体促使子宫颈开放，然后根据情况进行处理。对胎儿干尸化，向子宫内注入润滑剂后将胎儿拉出，再清洗子宫。对胎儿浸溶者，向宫内灌注大量 $KMnO_4$ 液后，将残留在宫内的骨片及其他残留物仔细清除干净，再反复冲洗，导出清洗液放入抗菌药。

（二）难产

1. 分类

难产可分为产道性难产、产力性难产和胎儿性难产 3 种。

2. 处理

（1）产力性难产。产力性难产主要增加产力，可使用缩宫素等。

（2）产道性难产。产道性难产如属子宫扭转，可向扭转的反方向翻转母体，使扭转的子宫复原。如属硬产道狭窄，应及时进行手术。如属子宫颈狭窄，可注射己烯雌酚后等待宫颈扩张后再处理。

（3）胎儿性难产。胎儿性难产主要是由胎儿的姿势、位置和方向异常引起的。有时胎儿过大、胎儿畸形或 2 个胎儿同时进入产道，也可引起。

3. 治疗

治疗时要根据不同情况进行处理。

（1）胎儿过大。强力牵引或剖宫产。

（2）胎儿发育异常或畸形。有全身水肿、腹水增多、裂腹畸形、胎头积水等。可通过截胎、划破腹腔等方法进行治疗。

（3）胎儿姿势异常。活胎可采用矫正助产或剖腹取胎，死胎可采用截胎术助产

（三）胎衣不下

母畜分娩后胎衣在正常时限内不排出，就叫胎衣不下或胎衣滞留。牛羊最易发生。

1. 病因

该病主要与产后子宫收缩无力、怀孕期间胎盘发生炎症及胎盘结构有关。

2. 临床症状

胎衣不下常有部分已分离的胎衣悬吊在阴门外，牛羊的常为土红色，表面有大小不等的胎儿子叶；马的为灰白色，表面光滑；严重子宫弛缓的病例，胎衣则可完全停留在子宫内，在阴道检查时才发现。牛产后1～2天，胎衣就开始腐败，阴道内流出污红色恶臭液体，内含腐败的胎衣碎片，卧下时排出增多。马在产后超过半天胎衣不下时，常有起卧不安，精神沉郁，食欲减少，体温升高，呼吸心跳加快，剧烈努责等全身症状。有的可发生子宫脱出。预后，马和狗胎衣不下的预后要慎重，羊胎衣不下一般预后良好，牛猪虽大多数预后良好，但可能影响产奶量或仔猪的生长。如图6－3所示，为山羊胎衣不下。

图6－3　山羊胎衣不下

3. 治疗

（1）手术剥离。对大家畜应尽早采用。剥离时应遵循“快净轻”的原则，严禁损伤子宫内膜。

（2）药物疗法。子宫内投入土霉素或四环素。肌内注射抗生素。使用子宫收缩药。宫内灌注高渗液。

（四）子宫脱出

子宫全部翻出于阴门之外称为子宫脱出。

1. 病因

（1）子宫脱出的诱因是舍饲时运动不足、饲养不当以及由于胎儿过大或胎水过多而引起的子宫过度伸张。

（2）难产时，如果牵引胎儿用力过大，容易引起此病。

（3）当子宫中没有胎水时，如果迅速拉出胎儿，可能在胎儿刚出产道之后立即引起子宫脱出。

（4）产后子宫颈口开张，子宫收缩尚不完全，如果，此时后躯位置过低，则子宫因受到内脏的压迫而容易脱出。

（5）胎衣不下时，胎膜与子宫的子叶结合紧密，容易因胎衣的重力而引起此病。尤其是在子宫角尖端的胎衣尚未脱落而强力拉出时，便可能直接引起子宫脱出。

2. 临床症状

子宫脱出有完全脱出（图6－4）与不完全脱出（图6－5）之分。

如果只有一个子宫角怀孕时，从阴门裂中垂出红色、发亮、拳头大以至小儿头大的梨形物，其末端扩大下垂到跗关节，而另一个子宫角则包在脱出部分之内，并不外翻。在2个子宫角都怀孕时，则脱出子宫的大小加倍，表面显有杯状子叶。

在严重时与阴道共同翻转而脱露。如果在空气中停留时间过久，则变为暗红色。往往因受到粪尿及褥草的污染而发生黑色斑点。时间再长时，黏膜下组织及肌肉层发生水肿，逐渐变为坏疽。

严重的子宫脱出常常并发便秘或拉稀。

3. 防治

预防：

（1）平时加强饲养管理，保证饲料质量，使羊身体状况

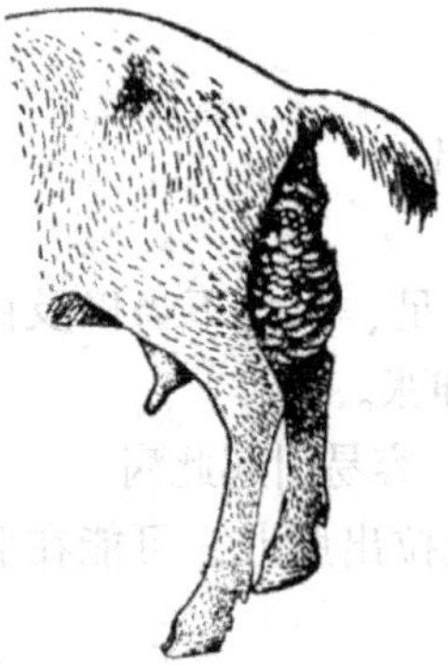

图6－4　山羊子宫完全脱出

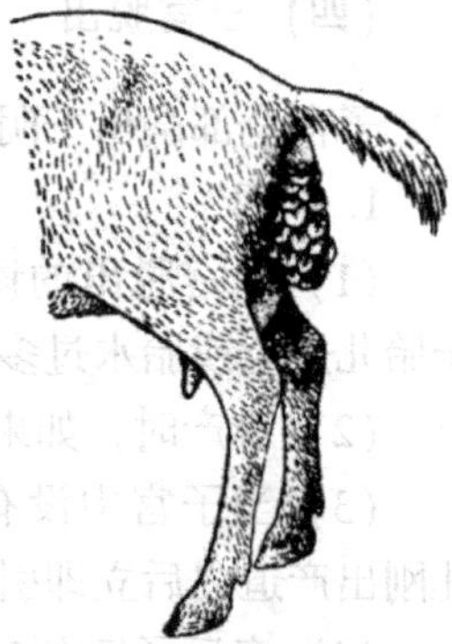

图6－5　山羊子宫不完全脱出

良好。

(2) 在怀孕期间，保证羊只有足够的运动，增强子宫肌肉的张力。

(3) 多胎的母羊，往往在产后14小时左右才发生子宫脱出，因此在产后14小时以内必须细心注意产羔羊，以便及时发现病羊，尽快进行治疗。

(4) 遇到胎衣不下时，绝不要强行拉出。

(5) 遇到产道干燥时，在拉出胎儿之前，应给产道内灌注大量油类，并在拉出之后立刻施行脱宫带，以预防子宫脱出。

治疗：

(1) 施行子宫整复术。先以前低后高的姿势保定病畜，对脱出的子宫进行仔细清洗，适当麻醉，对已水肿的子宫或穿刺放液，或以温热溶液反复揉搓，使其柔软后还纳入腹腔内，术者将手伸入子宫，使子宫恢复正常位置，防入抗菌消炎药物，缝合固定。在猪，可采用开腹整复固定。

(2) 施行子宫摘除术。在无法整复或发现子宫壁上有很大的裂口、穿透伤或坏死时，即可摘除子宫。这样可以挽救羊的生命，以后肥育作食用。绝不要采取缝合后整复的方法。

【阅读】

畜禽中毒病的排毒措施

畜禽中毒病虽有别于传染性疾病，但往往给养殖业尤其是集约化生产带来很大的损失，除了引起畜禽大批死亡外，因慢性蓄积性中毒，还会导致畜禽饲料利用率降低，生长缓慢，生产性能或产蛋率下降。

根据畜禽中毒的临床表现、中毒的时间、毒物进入机体的途径（或摄入的方式）、有毒物质的性质和毒理、毒物对机体的损害程度、畜禽的解剖生理特征等，采取相应的排毒方式。一般情况下，要按“催吐、洗胃、胃内解毒、泻下、利尿”的方式和程序进行排毒。具体操作如下。

（1）催吐。临床常见的毒物摄入方式是吞食，因此，对于有呕吐功能的猪、犬、猫等中小型杂食动物，应尽快使用催吐剂，帮助其主动吐出有毒物质。

（2）洗胃。对于马、牛、羊等不易呕吐的草食性动物，可以使用清水、0.1%高锰酸钾溶液、1%双氧水（H_2O_2）、1%~2%食盐水、1%苏打水（$NaHCO_3$）、0.02%~0.05%活性炭悬浮液、温肥皂水、浓茶水等洗胃（但敌百虫中毒时，只能用清水洗胃）。洗胃要彻底、干净，直至洗出的灌入液清澈没有异味为止。家禽可用清洗嗉囊的方法，先灌入清水或0.1%高锰酸钾溶液，然后倒提家禽，使其头颈朝下，用力从嗉囊内挤出内容物，直至清洗干净。

（3）胃内解毒。洗胃后，应根据毒物的性质和作用特点，灌服适当的胃内解毒药或保护剂，防止残余毒物对胃黏膜造成毒害或吸收后危害机体。

(4) 泻下。通过催吐、洗胃、胃内解毒后，还应及时灌服泻药，以清理胃肠道，促进肠管内的毒物尽快泻下，尽量减轻毒物对肠管的损害，减少肠管对毒物的吸收为原则。一般使用盐类泻剂，如硫酸镁、硫酸钠、人工盐等。在给牛灌服泻药前，应先灌服1%硫酸铜溶液30~50ml，可以促进食道沟闭锁，以利于泻药直达瓣胃，发挥泻下作用。

(5) 利尿。毒物吸收后，会进入血液毒害神经。为促进血液内的毒物尽快排出，应使用利尿剂，常用的利尿剂主要有双氢氯噻嗪、速尿。

(6) 放血。在中毒初期，对于体格强壮的大家畜，可在尾尖、蹄头或颈静脉等处放血，猪等中小型动物可使用剪耳、断尾法放血。放血不仅可以除去血中的部分毒物，还具有缓解血液循环障碍和祛瘀生新之功效。若放血较多，可在放血后，及时饲喂糖水或给予输血、输液。

(7) 输液。输液既可以促进毒物从肾脏中分泌排出，又可以稀释血液，减轻毒物的危害，还可以补充能量，提高机体的抵抗能力，为肝脏解毒提供必要的物质基础。常用的药物主要是5%葡萄糖溶液，也可根据病情需要，使用维生素C和5%碳酸氢钠溶液。

(8) 局部处理。出现动物毒中毒时，及时进行局部处理十分重要，它可以避免毒素迅速吸收、蔓延和转移。

第七章　畜禽养殖场的消毒

一、畜禽养殖场消毒技术要点

消毒是指用物理的、化学的或生物的方法消除或杀灭畜禽体表及其生活环境以及相关物品中的病原微生物的过程。消毒的目的是消灭病原微生物或切断传播途径，预防和控制传染病的发生和传播，因此，消毒是一项非常重要地基础工作。

过去，由于种种原因，许多教材或培训讲座中，对消毒一事语焉不详，仅一提而过。养殖户对消毒的重要性认识不足，对如何搞好消毒更不清楚，因此，在消毒环节上存在很多的问题。为解决这些问题，本文参照有关资料结合本地实际，对畜禽养殖消毒技术做了较为全面的介绍，请广大养殖户认真学习，按要求操作，为科学养殖打好基础，争取获得更高的养殖效益。

（一）病原微生物的分布与特性

1. 病原微生物的种类及在自然界中的分布规律

病原微生物又称病原体，包括细菌、病毒、真菌、放线菌、支原体、衣原体、立克次氏体、螺旋体等共八类。它们是不同于植物也不同于动物的特殊生物，在适宜条件下就会大量繁殖，其中，某些种类会对动体机体构成巨大威胁。

病原微生物可以在土壤和水中大量存在，有的种类还可在土壤和水中长期生长、繁殖，我们随手抓起一把土壤，里面至少有几百种微生物，包括大约10亿个细菌，12万个真菌。特别是靠近畜舍被污染的土壤和水体中，病原微生物的种类和数量更多，可能成为疫病的传染源。

病原微生物能吸附于尘埃、飞沫等微粒上，随风飘浮于空气中，多数只能生存数小时以下，但有一部分可生存数天以上。特别是在污浊的圈舍空气中，病原微生物数量多，存活时间长，感染力强。

微生物可在健康动物的体表及与外界相通的腔道中暂时存留或长期寄居、共生。母乳中含有100多种细菌，一个人的肠道内会生存着500多种细菌，人的内脏中有近90万亿个细菌，病毒的数量应该更多。微生物在粪便、痰、眼屎等排泄物中大量存在，但健康动物的组织、体液中是无菌的（但有可能有某些病毒）。

在发生传染病时（包括隐性感染），患病畜禽的粪便、分泌物、渗出物、排泄物中含有大量的病原微生物，是十分可怕的传染源。同时，患病畜禽的组织、体液中也存在大量病原微生物，并可在短期或终生向外界排放。如有资料介绍，取1ml高致病性猪蓝耳病病猪血液，放入1个灌满水的标准游泳池中，混匀后，吸取1ml被污染的水，注射到健康猪的体内，还有可能引起高致性猪蓝耳病。由此可见，被污染的水体、场地、用具有多么危险，病原微生物在被污染的场地、墙壁、用具上可存活一定时间，最长可达1年左右。

在传染病发生时，患病畜禽的排泄物中，以及疫点、疫区内的水、土、空气、场地、器具上，都可能存在大量病原微生物，消灭这些病原微生物，解除它们对人类和健康动物的威胁，这就是消毒的目的。

2. 外界因素对微生物的影响

（1）物理因素。

①温度：微生物多数怕高温（多数70℃以上很快死亡），耐低

温（-25℃以下可以永久保存），最适生长繁殖温度为37℃；

②干燥：多数数生物在干燥环境下很快死亡或处于休眠状态，所以，常用干燥的方法保存粮食、饲料、药材等，防止腐败和发霉。但某些细菌、某些细菌的芽孢、真菌的孢子对干燥具有强大的抵抗力。

③日光、紫外线、X线等可以破坏核酸结构，导致蛋白质变性，因此，可以杀灭病原微生物。其中，日光是最廉价的天然消毒物。但日光、紫外线、X射线对人和动物的眼睛、皮肤等有损害作用。

④滤过：一定孔径的滤器（织物）可阻隔、吸附病原微生物，如细菌滤器、防护服、口罩等。

⑤高压：尤其是超高压（一般认为压强超过100Mpa算作超高压）对微生物有灭活作用。超高压常用于某些生鲜畜产品和农产品的加工处理，养殖上应用较少。

（2）化学因素。微生物的生长繁殖需要大量营养物质；同时，许多化学制剂能抑制或杀死微生物。

（3）生物因素。微生物之间关系复杂，构成微生物区系平衡，这种平衡一旦被打破，人和畜禽就要得病。

（二）名词概念

灭菌：灭菌是指用物理或化学方法，把物体上所有的微生物及其芽孢全部杀死。这是最高标准。

消毒：用各种办法但主要是用化学药物杀死物体上的病原微生物，而芽孢及抵抗力较强的腐生菌则不能全部杀死。

防腐：防腐指抑制微生物生长繁殖。

消毒剂（药）：用于杀灭体外病原微生物的化学物质称消毒剂，如乙醇、烧碱等。

防腐剂（抑菌剂）：用于抑制微生物生长繁殖的化学药物称防

腐剂或抑菌剂，如苯甲酸钠、山梨酸钾、丙酸钙等、常用于饮料、食品、饲料等防腐防霉。

无菌：无菌是指物体（多指表面）无活的微生物存在的意思。在操作过程中，防止微生物进入物体的方法，称为无菌操作或无菌技术。常用于外科手术，菌种转代、组织提取等工作中。

（三）物理消毒法

物理消毒法是利用物理因素杀灭或消除病微生物的方法。常用方法如下。

1. 机械消毒（即清洁和预清洁）

机械消毒是指用清扫、洗刷、通风和过滤等机械手段消除病原体的方法。也是最常用最普遍的消毒方法。机械消毒法必须和其他消毒法同时使用才有效。

（1）清扫。用清扫工具清除畜舍、场地、环境、道路等处的粪便、污物等。清扫前喷洒清水或消毒液，避免病原微生物随尘土飞扬，对沾有粪便形成的干痂，须用含有洗涤剂（如洗衣粉或百毒杀等）溶液喷洒浸润 4 小时后，才能很好清除。清扫顺序为先上后下，先内后外。清扫要全面、彻底，不留死角。

（2）洗刷。用清水或消毒液对消毒对象进行洗刷。除动物体表以外，用高压水龙头冲洗效果最好。

（3）通风。采取开启门窗、天窗、启动排风换气扇等方法进行通风。通风本身并不能杀死原体，但通风可以把畜舍内的污秽气体和水汽排出室外，使病原体暴露在阳光和干燥空气中，能间接杀菌。更重要的是通风能在短时间使室（舍）内空气清洁、新鲜、大大减少空气中的病原微生物数量，降低感染风险，对预防那些经空气传播的传染病有一定意义。

2. 干热法

干热法指用干热的空气（160～170℃处理 2 小时）进行消毒。

常用于不宜用其他方式消毒的器皿、试管、用具的消毒。如餐饮业、家庭消毒柜的消毒，实验室的器具消毒等。

3. 烧灼与焚化

烧灼是用火焰枪以气或油为燃料烧灼地面、墙壁、用具表面；焚化是对可燃烧的被污染物焚烧，使之化为灰烬，多用于垃圾、粪便等处理；烧灼与焚化方法能快速杀灭一切微生物，但对设备要求高，成本高，且易产生废气污染。

4. 湿热法

湿热法包括：A、煮沸法（水沸后再煮15～30分钟），常用于注射器，手术器械等小件物品的消毒；B、高压蒸气灭菌法（温度121.3℃，15磅/压力，维持15～30分钟），本法消毒最彻底，也最常用；C、巴氏消毒法（在63～65℃经过30分钟，或71～72℃经过15分钟，或让液体在较细的管道里通过132℃高温段1～2秒）也属于湿热消毒法，常用于牛奶消毒。

5. 紫外线消毒法

要求距离2m以内，时间要在半小时以上。常用于手术室、无菌操作室、更衣室等消毒。日光消毒效果也较好，要注意翻晒。

6. 高温发酵消毒法（实质是生物消毒法）

某些腐败菌在温度达到60～70℃时仍能正常生长，保证着发酵过程的持续进行。方法是将粪便、垃圾等堆积起来，一般经3～6周即可杀死其中的大多数病原微生物和寄生虫卵。注意里外、上下翻堆，翻3～4次。

（四）化学消毒法

1. 影响消毒剂作用效果的因素

（1）浓度。一般浓度越大，消毒效果越好。一般消毒剂浓度低抑菌，浓度高杀菌，但乙醇（俗称“酒精”）以70%～75%浓度消毒效果最好。

（2）作用时间。消毒时，必须维持足够时间，才能达到消毒的目的。不同的消毒药品和不同的处理方法，所需的时间并不一样。如碘酊消毒皮肤，仅几秒钟即可，术者手臂的浸泡消毒时间一般为3～5分钟，一般药液浸泡消毒在30分钟以上，熏蒸消毒一般在24小时以上。

（3）有机物。特别是含蛋白质的有机物的存在，会对病原微生物形成一层保护罩，阻止消毒药和病原体接触，或者与消毒剂直接作用，使消毒剂作用降低或失效。因此，消毒之前，必须清除需消毒处的粪便、饲草、血污、脓汁等污物。微生物种类。微生物种类不同，对消毒剂的敏感度大不相同。一般来说，细菌的芽孢对消毒剂抵抗力强，而繁殖体抵抗力弱。猪丹毒杆菌、葡萄球菌、结核杆菌等对消毒剂抵抗力强。病毒中猪水泡病病毒对消毒剂抵抗力特别强。同一种病原微生物对不同的消毒剂，敏感程度也不一样，消毒时选择合适的消毒剂很重要。

（4）化学拮抗物。如碱性消毒剂与酸性消毒剂，阳离子表面活性剂与阴离子表面活性接触，消毒作用降低甚至消失。

（5）温度。一般来说，温度越高，消毒效果越好。如同为烧碱溶液、热溶液消毒效果更好。

（6）外界环境。以密闭最理想，特别是熏蒸消毒时。风、雨、雪都可能影响消毒效果。

（7）消毒剂的有效期、保管、使用方法。凡规定有保质期或有效期的消毒剂，必须在规定期限内使用；凡易挥发的消毒剂如乙醇、过氧乙酸等必须密闭保存；凡能与空气成分发生反应而降低药效的消毒剂如烧碱、苛性钾、生石灰等应隔绝空气保管，以免降效或失效。

（8）抗药性。病原微生物在消毒剂的生存压力下会发生变异，会产生演化，从而产生抗药性。长期在同一场所使用同一种或同一类消毒剂，病原微生物就很容易产生抗药性。故应轮换用药。不同的消毒剂，病原体产生抗药性的可能性是不同的。如使用强碱类消毒剂，病原微生物很少产生抗药性。

2. 常用化学消毒方法

（1）洗刷。用刷子蘸取消毒液进行刷洗，常用于饲槽、饮水器、用具等消毒。

（2）浸泡。将需消毒的物品浸泡在一定浓度的消毒药液中，浸泡一定时间后再拿出来。

（3）喷洒。喷洒是指将消毒药配成一定浓度的溶液，用喷雾器对需要消毒的对象进行喷洒。这是最常用的消毒方法。一般以先上后下、先里后外的顺序均匀喷洒，务必均匀、周到，要求被喷物体表面有均匀而密集的细小水珠，但不下滴。

（4）熏蒸。常用环氧乙烷、过氧乙酸等对可密闭的房舍、空间进行消毒。

（5）拌和。用粉剂类消毒剂（如熟石灰、漂白粉）对需消毒的对象（粪便、垃圾、被污染的表土等）消毒时，按一定比例拌和均匀，堆放一定时间即可达到消毒目的。

（6）撒布。将粉型消毒剂均匀地直接撒布在消毒对象的表面。

（7）擦拭。选用易溶于水、穿透力强的消毒剂如70%酒精，擦拭物体表面。

3. 常用消毒剂种类

消毒剂种类很多，兽医工作上常用的有酚、醇、醛、强碱、强氧化剂、表面活性剂、卤素类等。

（五）日常消毒

（1）皮肤黏膜消毒。畜禽皮肤消毒之前，要先剪毛（剃毛），然后肥皂水或清水洗净后，再用酒精、碘酒、洗必泰等涂拭。

（2）创口消毒。高锰酸钾溶液、雷佛努尔、双氧水等涂抹、冲洗。

(3) 带畜禽消毒。应选用消毒力中等以上，对畜禽身体影响小，最好无色无味的消毒剂，如百毒杀、新洁尔灭、强力消毒灵、二氯异氰尿酸钠、过氧乙酸等，一般用喷雾法。禁用对畜禽刺激性大或者有异味的消毒剂如烧碱、生石灰、来苏尔、甲醛等带畜禽消毒。

(4) 畜舍地面消毒。先清扫、再消毒。地面、墙壁、畜栏可用火焰烧灼，或用烧碱溶液或石灰乳等喷洒（消毒后要冲洗干净），也可用其他消毒剂喷洒。

(5) 用具消毒。用消毒剂浸泡或煮沸、高压蒸气消毒。

(6) 粪便、垃圾消毒。用焚烧法或生物发酵法处理。病死畜禽尸体用焚化炉焚烧或深埋处理。

(7) 孵化室、仓库、密闭空圈舍用熏蒸消毒最理想。

(8) 车辆、大型用具消毒用无腐蚀性消毒药水喷雾。轮胎可用烧碱溶液浸洗。

(9) 衣帽间、手术室、实验室、采精室等可用紫外线消毒。

(10) 耐热器皿、餐具宜用煮沸或干热消毒。

(六) 消毒程序

(1) 新修圈舍或空闲圈舍。应彻底清扫干净，除去粪污（对干粪污可先喷洒洗衣粉水或烧碱液浸润4小时后用高压水枪冲洗）、灰尘、杂物。再用适宜方法消毒，最后冲洗、通风，空路5~7天，再进畜禽。

(2) 带畜禽消毒。每周1~2次。

(3) 用具。一般要求每用必消，先消毒后使用，消毒前应用清水多次清洗。圈舍内的用具可和带畜禽消毒一同进行。

(4) 圈舍周围环境1~2周消毒1次。

(5) 畜禽进出圈舍前后均应消毒。

(6) 粪便、污水。粪便应固液分离处理，正常粪便进沼气池，消毒药水严禁排入沼气池。有疫情时，粪便污水应单独进行无害化处理，不得进入沼气池。

（7）病死畜禽尸体处理。随死随处理，禁止转移，禁止屠宰，禁止销售，禁止食用，必须进行无害化处理（多用深埋法）。病死畜禽不能进入沼气池。规模养猪场的死猪按规定进行无害化处理的，政府给予一定补助。

（8）人员、车辆进出必须消毒。人员进入畜禽生产区，必须洗澡，换消毒后的雨靴、衣裤、帽子。出来也应换衣、洗澡。

二、畜禽养殖场管理制度

（一）人员及车辆消毒规定

（1）任何进入公司大门的人员必须在门卫室按规定严格消毒（紫外线、消毒垫、消毒盆）。

（2）任何进入公司大门的车辆必须严格消毒（高压喷雾消毒）。

（3）任何进入生产区的工作人员必须消毒，更换已消毒的工作服、鞋等。

（4）来访人员经批准进入生产区，应消毒，更换场内提供的工服、鞋套、头套等，并按指定路线进行参观。

（5）进入生产区的车辆应彻底冲洗干净（包括车厢内），经过严格消毒处理后在场外至少停留 30 分钟以上，才能进入生产区。

（6）生产人员因工作原因需进入其他车间，进入前应先消毒，回本车间时，也应做消毒处理。

（7）工作人员进入本车间应消毒；包括消毒盆洗手、脚踏消毒垫。

（二）养殖场消毒规定

（1）饲养员负责本车间内及养殖场周边环境的消毒工作。

（2）在消毒时为了减少对工作人员的刺激，应佩戴好口罩。

（3）每3天消毒1次，特殊情况由生产主管另作安排。

（4）严格按照消毒剂使用说明的比例配制溶液。

（5）每15天更换1种消毒剂，消毒剂交替使用。

（6）根据养殖场面积，按照消毒剂使用说明适量配制消毒溶液。

（7）消毒覆盖面尽量达到100%，消毒效果：地面、墙面以湿润为准。消毒须在清扫冲洗圈舍且地面干燥后进行，消毒后12小时内不得冲洗养殖场。

（8）及时作好消毒记录。

（三）生产区环境消毒规定

（1）生产主管负责生产区环境消毒工作。

（2）每周消毒1次，特殊情况另作安排。

（3）严格按照消毒剂使用说明的比例适量配制溶液。

（4）每月更换1种消毒剂，消毒剂交替使用。

（5）生产区大门的消毒池内的消毒液每周更换1次，以达到消毒效果。

（6）每周六下午按时消毒，雨天顺延。

（7）消毒范围包括道路、水泥地面、下水道以及各种设施等，消毒覆盖面达到100%。

（8）做好消毒记录。

（四）生活区消毒规定

（1）后勤主管负责生活区环境消毒工作。

（2）每15天消毒1次，特殊情况根据生产主管的意见由后勤主管另作安排。

（3）严格按照消毒剂使用说明的比例适量配制溶液。

（4）每月15号和月末按时消毒，雨天顺延。

（5）消毒范围。道路、下水道、食堂、宿舍、公司大门、娱乐场所、厕所等生活设施，覆盖面100%。

（6）及时作好消毒记录。

（五）器械工具消毒规定。

（1）生产工具由本车间饲养员定期消毒。

（2）治疗医用器械由生产主管或其指定人员每天定时消毒。

（3）消毒方式。

①生产工具用消毒液作喷雾消毒。

②注射用具用高压蒸煮消毒。

③实验室用具和器械用干燥箱消毒。

④产房器械及设施用消毒液消毒和熏蒸消毒。

（4）生产工具包括饲料铲、饲料车、粪铲、粪车、料箱、补料槽等。

（5）注射器、针头等洗净后，每天定时送到兽医室，集中蒸煮消毒。

（6）上水设备、饮水器、水箱等用漂白粉稀释成3%的溶液，浸泡或冲洗消毒。

（7）配送饲料的车辆应专用，并定期严格消毒。

（8）粪车在使用后应在养殖场外指定地点冲洗干净，待干燥后消毒。

（六）生产消毒

（1）配种消毒应先清水洗干，在消毒液消毒在清水擦干。

（2）分娩消毒。

（3）接产、助产消毒。

（七）消毒的注意事项

（1）正确使用各种消毒药物，遵循使用说明的规定和要求。

（2）在配置消毒液或实施消毒时应佩戴口罩、手套等防护物品。

（3）不得同时使用两种消毒液消毒同一部位和物品。

（4）在对上水设备、饮水器、水箱消毒后，在使用前应彻底清洗干净。

（5）大门、养殖场入口处的消毒池（盆）应定期更换药液（一般每周更换1~2次）。

（6）人或动物皮肤不得直接接触消毒液，一旦眼睛、皮肤上沾有药液应及时冲洗干净，特别是使用烧碱、生石灰等腐蚀性强的药品时要，注意安全。

【阅读】

绿色食品标准中对畜禽养殖场选址规定

畜禽养殖场是种畜禽、商品畜禽的生产基地，场址的选择和布局是否得当、畜禽舍的设计和建筑是否合理，都直接关系到畜禽生产水平和经济效益的高低。选择绿色食品畜禽养殖基地时，要参考《绿色食品产地环境质量》和《绿色食品动物卫生准则》中有关规定，根据养殖基地综合经营的种类、方式、规模、生产特点、饲养管理方式以及生产集约化程度等基本特点，对地势、位置、土质、水源以及居民点的配置、交通、电力、物资供应等条件进行全面的考察。良好的养殖环境条件是：保证场区具有较好的气候条件，有利于畜禽舍内空气环境的控制；便于严格执行各项卫生防疫制度和措施；便于合理组织生产，提高设备利用率和工作人员劳动效率。具体选址应考虑以下几点。

（1）地势。应选择地势高、平坦、具有一定坡度、排水良好和背风向阳的地方修建畜禽场。

（2）水源。应选择水质好、水源充足且各项监测指标达到绿色食品畜禽饮用水各项污染物指标要求的地方建场。

（3）土质。应选择土质坚实、渗水性强、未被病原体污染的沙质土壤为好。

（4）位置。畜禽养殖场应远离交通要道、公共场所、居民区、学校、医院和水源，否则，需要进行排污处理与采取环境保护措施。

（5）排污和环保。畜禽养殖场周围有农田、果园等，可就地消耗大部分或全部粪便为好。

参考文献

陈中建，倪德华，金小燕 . 2015. 畜禽养殖与疾病防治新技术［M］. 北京：中国农业科学技术出版社 .

谷风柱，李卫东 . 2009. 简明牛病诊断与防治原色图谱［M］. 北京：化学工业出版社 .

刘鑫等 . 1990. 畜禽疾病识别与防治彩色图册［M］. 南昌：江西科学技术出版社 .

卫书杰，李艳蒲，王会灵 . 2016. 畜禽养殖与疾病防治［M］. 北京：中国林业出版社 .